美国科学问答

美国中学生
课外读物

美国家庭
必备参考书

1000个心理学知识

日常生活中的心理学

THE HANDY PSYCHOLOGY ANSWER BOOK

爱、婚姻和子女养育、幸福的动机和对幸福的追求
群体动力学和公共领域、变态心理学、创伤心理学、法庭心理学
这些心理学知识将有助于我们了解当下的人类思维模式

[美] 丽莎·J.科恩 /著

刘淑华 /译

U0781260

上海科学技术文献出版社
Shanghai Scientific and Technological Literature Press

图书在版编目（CIP）数据

日常生活中的心理学：1000个心理学知识／（美）科恩著；
刘淑华译．—上海：上海科学技术文献出版社，2015.6
（美国科学问答丛书）
ISBN 978-7-5439-6656-7

Ⅰ．① 日… Ⅱ．① 科… ② 刘… Ⅲ．① 心理学—通俗读
物 Ⅳ．① B84-49

中国版本图书馆 CIP 数据核字（2015）第 088646 号

The Handy Psychology Answer Book
Copyright © 2011 by Visible Ink Press®
Translation rights arranged with the permission of Visible Ink Press.
Copyright in the Chinese language translation (Simplified character rights only) ©
2012 Shanghai Scientific & Technological Literature Press

图字：09-2012-247

选题策划：张　树
责任编辑：王　珺
封面设计：周　婧

丛书名：美国科学问答
书　　名：日常生活中的心理学
[美]丽莎·J.科恩　著　刘淑华　译
出版发行：上海科学技术文献出版社
地　　址：上海市长乐路 746 号
邮政编码：200040
经　　销：全国新华书店
印　　刷：常熟市人民印刷有限公司
开　　本：720×1000　1/16
印　　张：17
字　　数：286 000
版　　次：2019 年 2 月第 3 次印刷
书　　号：ISBN 978-7-5439-6656-7
定　　价：39.00 元
http://www.sstlp.com

前言

从孩提时代起，我就对心理学如痴如醉。我想知道是什么原因导致人们去做想做的事，在他们行为的背后有着怎样的故事。我想剥去思维的外衣，去看看大脑这架机器。多年以后，我仍然醉心于心理学这门科学。心理学是人类一切行为的基础。我们为何会有这样的思维方式、感觉方式和行为方式？我们爱、恨、吃、工作和舞蹈的方式为何如此？我们1.36千克（3磅）重的大脑如何造就了如此不可思议而又复杂的人类行为？我们的心理在多大程度上归因于基因？又在多大程度上归因于环境？这些问题每天都要在全美国甚至全世界数以千计的实验室和咨询室中被提出。如今，我们比以往任何时候都更接近这些古老问题的答案。虽然，我们并没有揭示人类大脑全部的非凡的秘密，但毫无疑问的是，我们能够掌握——甚至已经掌握了——关于我们思维过程的大量信息。此外，这些发现还能够帮助数以百万的人减轻痛苦、提升他们的生活质量。

有趣的是，在过去，公众对于心理学界的主要人物颇为了解。50年前，任何一个普通的路人都可能对西格蒙德·弗洛伊德（Sigmund Freud）、B. F. 斯金纳（Burrhus. Fredericc. Skinner）和让·皮亚杰（Jean Piaget）的喜好津津乐道。人们曾一度十分理解心理学领域的重要性及其与日常生活的联系。在当今时代，对心理学领域贡献的认识还远达不到一般程度。也许心理学——即心理的科学学科——已经成为心理学其自身成功的牺牲品。当然，脱口秀节目和杂志通常也有很多心理学话题。菲尔博士（Dr. Phil）、劳拉博士（Dr. Laura）和乔伊斯博士兄弟（Dr. Joyce Brothers）也因此家喻户晓。但我认为，如今大众心理学的娱乐价值已经超过了对这项严肃科学的理解。

与此同时，心理学在学术界也泛滥成灾。心理学难以置信地成为大学生和研究生追捧的流行专业。但在大学里，该领域的严谨性要远远大于其内在的娱乐价值。因此，心理学现在已经分为两部分：一是具有娱乐性质但不严密的通俗心理学；二是严肃且非专业人士不易理解的学术心理学。

本书采用了一种折中的方式，提供了既对公众有吸引力又便于理解的精确的科学观点。

本书纵览心理学的基础知识，其中涵盖了心理学的历史及其先驱者、主要的理论运动、心理学科学、大脑及其与行为的关系以及一生中心理的发展等。这些也是传统教科书中讲授的内容。

本书采用问答的形式，每个问题在一个至两个自然段的篇幅内完成回答，其目的就是将复杂的话题拆成零散的观点。书中的问题均经过精心筛选，以叙述的形式进行回答，使你可以随时开卷浏览。如果你愿意，你可以从头到尾阅读本书。当然，你也可以随意翻阅，从特别吸引你的问题开始阅读。

写作本书时，我采用了为其他专业期刊撰写科学文章时使用的科学标准，并力图在书中只呈现有坚实事实作为依据的结论。在专业论文中，你会在行文过程中引用原始资料，也就是你获得这些信息的出处。尽管出于科学的严谨性这么做十分必要，但如果仅是泛泛的阅读就不必苛求了。

本书的目标阅读群体是普通大众。任何对心理学有兴趣的读者都可以拿起这本书，更多地了解这一领域。你在大学学过心理学吗？你始终对心理学感兴趣吗？你自己或者你的家人有过心理问题吗？你会考虑在心理健康领域开创自己的一番事业吗？或者你仅仅是在惊讶人们为何会有这样或那样的行为方式？那么，这本《日常生活中的心理学》就是你的最佳选择。

无论你出于什么原因拿起这本书，我希望当你掩卷时，你能对心理学的迷人之处及它在日常生活中带给我们的重要意义有更深刻的理解。

丽萨·J.科恩博士

目录
CONTENTS

目录

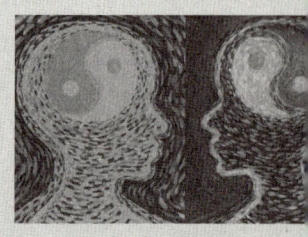

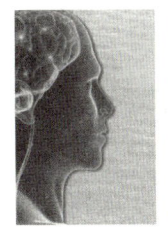

一

日常生活中的心理学：
爱、婚姻和子女养育

爱

▶ 我们如何定义爱？

什么是爱？我们如何定义爱？爱是一种情感还是许多种情感的组合？有不同种类的爱吗？对于不同类型的关系，爱是相同的吗？其实远在古希腊时期，人们就一直在探寻着爱的本质。诗人一直歌颂着爱。或许心理学家没有诗人那样文雅典致，但通过实证研究，我们可以系统地了解到爱的本质，并且开发测量工具（如调查问卷）来调查人们的态度与行为。这样，我们不仅得到了个人对爱的理解，也从科学的角度对爱有了理性的认识。

▶ 我们说的爱是指什么？

有很多种类的爱：人们可以爱自己养的小猫，也可以去爱1957年款的"切维"老爷车（Chevy），或者爱上初春4月空气中的清新味道。为了便于论述，本书将主要讨论人与人之间的爱。

▶ 如何使用"因子分析"对爱进行研究？

爱是由单维结构还是许多子结构构成的呢？回答这一问题的途径之一就是利用因子分析。因子分析是一种重要的统计技

术，能够表明问卷中有多少不同项目可以划归为同一类结构。我们可以通过它来判断某一结构是否是由几个子结构组成的。研究者利用一系列与爱相关的问题、句子以及情景来开发调查问卷。之后他们可以通过这些问卷来调查被试者并对其进行评分。通过因子分析，研究者能够找出彼此相关的项目集。如果有人在项目1上得到了较高的分数，那么他在第2、3、4个项目上也一样能得到较高的分数吗？这些项目集就被称作因子，可以认为是爱的组成部分。

 **有不同种类的爱吗？**

一些研究者认为存在着很多不同类型的爱，然而其他一些学者则认为

▶ **在柏拉图的会饮上关于爱的本质有过哪些争论？**

苏格拉底认为对智慧与真理的热爱要比性爱和伴侣之间的情爱更重要。（图片来源：iStock图像）

古希腊时期，会饮是酒会的一种延伸，通常包括演讲和哲学话题的讨论。柏拉图的会饮描绘了这样一幅场景：晚宴上，大哲学家苏格拉底（Socrates）与他的几个朋友讨论爱的本质。他们从不同视角展开讨论，包括医学的视角、幽默的视角、性爱的视角以及精神的视角等。讽刺喜剧作家阿里斯托芬（Aristophanes）认为，人曾经的身体应该是现在的两个大，但是由于众神认为那样的人会威胁到神的存在，因此将人一分为二成为现在的样子。自从那时开始，人类就踏遍世间去找寻自己的另一半。苏格拉底认为，对智慧与真理的热爱才是最高形式的爱，超越了性爱与伴侣之间的情爱。

各种各样的爱都具有同样的本质特征。例如，1977年，约翰·李（John Lee）通过对1 500个与爱相关的题项进行因子分析得出了爱的6种主要类型：浪漫型、游戏型、友谊型、占有型、现实型和忘我型。1984年，罗伯特·斯腾伯格（Robert Sternberg）和苏珊·格拉西克（Susan Gracek）在他们的因子分析研究中发现了一个概括性的因子，被他们命名为人际交流、分享与支持（后期研究中称作亲密）因子。也就是说，许多题项只凝结成了爱的一种单维结构。

▶ 什么是爱的三元论？

罗伯特·斯腾伯格根据前人的研究，在1986年发表的一篇论文中提出了爱的三元论。在这个理论模型中，各种类型的爱都是由3个因素组成的：亲密、激情和承诺。"亲密"涉及彼此的亲近、关心和情感上的支持。"激情"是指在情感与生理上由于外界刺激所产生的兴奋状态，包括性唤起、身体上的吸引以及各种其他类型的强烈情感体验。例如父母对子女的强烈的爱。"承诺"包括下定决心全身心地去爱对方并长时期地努力经营这份爱。通过将这3个因素进行各种组合，斯腾伯格描述了8种不同类型的爱：无爱（亲密、激情和承诺的程度都低）、喜欢（仅亲密的程度高）、迷恋（仅有激情）、空爱（仅有承诺）、恋爱（有亲密和激情）、友情之爱（有亲密和激情）、荒唐之爱（有亲密和激情），以及完满之爱（有亲密、激情和承诺）。尽管这一体系可能并未将爱的各种复杂形式都囊括在内，但是它似乎确实有些道理。

▶ 爱人、家人及友人之间的爱有何不同？

对于不同的人际关系，爱是相同的吗？我们的爱会因为其对象的不同而表现不同吗？研究表明，亲密感、情感沟通以及彼此的亲近对于各种类型的爱而言都是至关重要的，而不同的则是激情与承诺的程度。我们可以做出以下推断：所有类型的爱的"亲密"程度都高；情侣之间的爱的"激情"程度高；而亲情和长久的爱情的"承诺"程度高。事实上，斯腾伯格和苏珊·格拉西克的研究发现，"亲密"作为爱的组成部分贯穿于各种类型的爱，在家人、友人以及爱人之间的测量值基本相同。1985年由凯斯·戴维斯（Keith Davis）所做的一项研究

表明，配偶或情侣间在"喜欢"（与斯腾伯格理论中"亲密"的概念类似）上与友人间并无太大区别，但在"热爱"（凯斯等人认为"热爱"是由"喜欢""激情"和"承诺"组合而成）方面却存在着差异。

 ► **什么能让男性吸引异性的注意？**

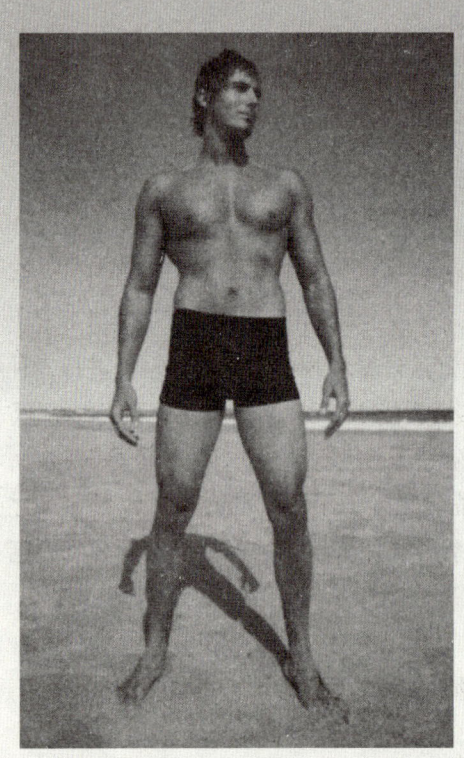

男性健壮的身体传递给女性的信号是，这样的男性比身材弱小的男性更具有进化和竞争方面的优势。（图片来源：iStock 图像）

通常来讲，年轻、健康、肌肉发达、没有疾病或畸形症状的男性是有吸引力的。结实的胸肌和宽阔的肩膀表明他们上肢的力量强壮。在进化过程中，这些身体特征在性选择方面起着作用。也就是说，男性美所具有的体态特征有着进化方面的优势。对于女性而言，男性健壮的身体表明了男性具有极好的保护女性、获取食物和其他资源的能力。

男性美也能体现出一个男人与其他男人争夺女性的能力。对男性美的欣赏能够帮助女性选择有助于成功孕育后代的伴侣：他们既能在哺育后代方面提供帮助，又能在遗传方面为后代提供繁衍所需的最优良基因。尽管文化因素在很大程度上影响着我们对男性美的理解，比如发型、时尚以及身体上的装饰等，但是我们认为对男性美的基本理解方面仍然存在着上面提到的生物学基础，并且这种模式有着进化方面的意义。

▶ 进化与爱之间有着怎样的关系？

在过去的一二十年的时间里，基于进化的观点对人类心理的解释越来越得到大家的认可。心理学家们开始讨论各种心理现象是如何进化的？一些特定的心理模式在人类进化的过程中起着怎样的作用？更具体地讲，在人类的进化过程中"爱"起着怎样的作用？基于进化的观点对爱进行解释的理论主要有：交配行为理论、依恋理论和迷恋理论。

▶ 交配行为的进化理论是什么？

很多研究者指出，进化方面的压力导致男女两性采取了不同的生育策略。也就是说，对男性而言，他们把自己的基因遗传给下一代的最佳方式与女性不同。相比来说，男性参与生育行为的时间和精力微乎其微，他们对生育行为的结果也并没有太多的控制能力，不知道自己的后代是否能发育成为性成熟的个体并把他们的基因传递下去。因此，对于生育行为来讲，男性的兴趣在进化方面，通常希望多找些选择，尽量大范围地传播自己的基因，尤其是拥有生育特征的异性，比如年轻貌美的女性。而另一方面，女性在整个生育过程中需要付出大量的时间和精力进行妊娠、哺乳以及养育。因此，女性希望能够尽量少地与其他男性进行生育活动，选择配偶时希望尽量有更多的选择余地，她们关注的是男性能够为养育后代提供怎样的资源。

上述模型通常被称作性选择理论，它已得到了大量实证研究的支持。例如，在1989年由大卫·巴斯（David Buss）所主持的一项研究中，来自37个不同国家的1万名男、女被测试者接受了访谈，访谈的话题为他们看重配偶的哪些方面。男性强调对方的身材要有吸引力，而女性则看重对方的社会地位、财富以及他们内在的追求。此外，还有研究表明，无论是同性恋者还是异性恋者，男性都比女性更可能进行随意、不负责任的性行为。事实上，男同性恋者比男异性恋者更可能进行比较随意的性行为，很可能是因为男异性恋者的性行为受到他们的女性伴侣的喜好的限制。

▶ 在进化过程中依恋关系重要吗？

性选择理论由于对情感依恋的忽视而遭到了学者的批评。人类寻找爱情

伴侣并非仅仅是为了获得性满足，也是为了寻求情感上的支持与满足。在巴斯的研究中，以及在斯腾伯格和格拉西克的共同研究中都提到，与依恋相关的一些特征，比如善良与理解，无论男性还是女性都认为在恋爱关系中是最重要的。另外，由于巴斯的数据来自37个不同文化背景的国家，因此，这些研究结果在不同文化中似乎都适用。根据辛蒂·哈赞（Cindy Hazan）和丽莎·戴梦德（Lisa Diamond）的观点，性伴侣之间的依恋关系，或被称作情爱关系，可能与性选择一样对于进化的作用同样重要。

▶ 爱情与亲子之情有关联吗？

从进化的观点来看，母婴之间的感情要早于两性之间的爱情，或许爱情就是从母婴之间的感情中发展进化而来的。对很多物种而言，雌性与幼崽之间的感情都比雌性与雄性之间的感情要深厚，这就说明亲子之情是一种比爱情更早、更广泛的进化发展的结果。也就是说，爱情很有可能是由亲子之情演化而来的。

▶ 爱情对于进化起怎样的作用？

研究者提出，爱情的演化是为了促进父亲在养育子女方面投入精力。由父母双方共同抚养的后代更有可能活到成年，并且将亲代的基因传递到下一代。因此，找到一个伴侣并且维系这段深切的感情（比如说爱情关系）就有了进化方面的优势。在现代社会，大量研究表明父亲的参与能够给子女的成长带来极大的好处，并能使子女在经济、认知和情感方面获益。此外，研究还表明父母的关系和谐稳定也会给子女的成长带来极大的好处。

▶ 坠入爱河对进化有怎样的功能？

我们知道普通的爱的感觉与令人极度兴奋、大脑一片空白的恋爱的感觉是有区别的。坠入爱河的感觉几乎每个人在生命中的某一时刻都曾体会过。心理学家们认为这种情感状态包含对伴侣的理想化以及想要与其在一起的渴望，也包含对伴侣强烈的性渴望和极度的情绪激发。辛蒂·哈赞和丽莎·戴梦德在

2000年发表的一篇论文中推测,这种心理状态使恋爱中的人能够专心于这段感情并且彼此全心付出,发展一段稳定的感情。这两位研究者提出一种假说,认为爱情中的依恋(与斯腾伯格理论中爱的子结构"亲密"相似)能够长期维持这段感情。然而,这种依恋关系需要时间的积累,因此,迷恋或恋爱中的高度兴奋状态就起到了某种支架的作用,依靠这一支架,依恋和亲密逐渐形成。这就意味着迷恋本质上是相对短暂的。确实,研究也证实了这一观点。一些研究表明爱情中的迷恋仅能维持平均2年的时间。

女性身体的美表明了她的年轻、健康以及良好的生育能力,即适合孕育后代的能力。(图片来源:iStock 图像)

▶ 什么能让女性吸引异性的注意?

尽管在不同的文化和历史阶段对女性美的潮流界定有所不同,但是女性有一些相对固定的女性特征令男性着迷。年轻、健康以及良好的生育能力一直是女性美的重要方面。例如,胸部丰满、腰臀比率低是女性及她们生育能力的普遍标志。光滑、无皱纹的皮肤和乌亮的头发等代表着她们仍然年轻。美容行业能令女性从外表上看起来更健康,显得更适合孕育后代,所以这个行业总是能赚得盆满钵满。女性的脸颊和嘴唇红润表明女性面部的血液流动得好,也表明她们的身体健康、有活力。同样,数百万女性通过染发来保持自己年轻的形象。

▶ 从神经生物学的角度,我们对爱有哪些了解?

人类学家海伦·费希尔(Helen Fisher)展开了一系列关于神经生物学与爱的研究。在1998年的一篇论文中,她提出了三部分系统。该系统由性欲、吸引

和依恋构成。性欲与性激素有关，特别是雌性激素和雄性激素。吸引类似于浪漫的迷恋。这种对理想伴侣愉悦的痴迷由多巴胺和去甲肾上腺素这两种神经递质进行传递。多巴胺和反应回路有关，涉及多种欲望。而去甲肾上腺素与兴奋、注意力、注意中心有关。依恋则与催产素和抗利尿激素荷尔蒙有关。

催产素和抗利尿激素这些荷尔蒙被称作神经肽激素，它们涉及广泛的社交行为，是进化了的化学物质。催产素在养育和分娩的过程中得到释放，在性交过程中和性高潮后，男性和女性都会分泌催产素。费希尔教授推测这三个系统是相互独立的。以不同的方式使三个系统结合起来，使得人类采取十分丰富的交配和生育策略。也就是说，当交往的对象或环境不同的时候，人们可以把重点放在性、依恋或者吸引上。

▶ 不同文化的爱情观有区别吗？

我们可以认为斯腾伯格提出的爱的组成成分适合于任意一种文化环境。亲密、激情和承诺最有可能是文化上的共性。大量的证据来源于文化人类学、心理学以及世界各地的爱情诗。而在不同的文化中真正有区别的是对爱和各种感情的不同成分的强调。比如在那些存在于亚洲和非洲的集体文化中，亲情可能比爱情和友情更加重要；而在北欧、北美的个人主义文化中，人们往往会把友情、爱情看成与亲情同样重要的情感（甚至更重要）。同样的，责任（类似于斯腾伯格的承诺）的概念绝对是中国儒家文化中的核心思想；而相反，从北美数不胜数的浪漫小说、爱情歌曲和化妆品中可以发现，激情澎湃的爱情又是这一地区文化中最可贵的一面。

婚　姻

先有爱情，
再有婚姻，
随后有（加入名字）
坐在婴儿车里。

▶ 为什么谈论婚姻？

　　这首歌谣体现出一种长期以来的文化传统：爱情势必会引导人们走向婚姻。尽管在美国历史的大部分阶段，结婚是件再正常不过的事情，但是现在的社会趋势开始逐渐偏离了这条唯一的道路。根据2007年美国人口普查局的数据，15岁以上的美国人中有56%是已婚状态。然而，这也意味着有44%的人处于非婚姻状态。随着单亲家庭、独身者、未婚同居和同性家庭数量的不断增长，研究婚姻制度是否已经过时了呢？尽管合法的婚姻不再是成人关系的唯一选择，但它仍然极其广泛地存在于人们的生活中。绝大多数人在人生的某一时刻都将走进婚礼的殿堂，据估计这一比率能达到90%左右。同样，婚姻作为一种广泛存在的制度，是人类文化中的共性之一。出于以上原因，我们对婚姻的讨论就显得极其必要。另外，接下来所要讨论的关于婚姻的问题，例如婚姻成功或失败的原因，与非婚姻状态的生活也有着密不可分的关系。

▶ 婚姻对健康有好处吗？

　　总体说来，婚姻对于人们的身体健康和心理健康都有好处。与未婚、鳏寡或者离婚的人相比，已婚人士往往生活满意度较高，同时他们的心理压力也相对较小。然而，这种比较必须通过对婚姻生活质量的量化才能得到。婚姻生活不幸福的人感受到的情感压力会比单身人士更大。因此，只有排除遭遇不幸婚姻的情况，我们才能说婚姻生活似乎比单身生活对人们更有好处。可是我们至今尚未清楚这种好处是由于婚姻生活本身所带来的，还是任何一种长久的情感关系都会带来这样的好处。研究表明，社会支持是一种能够有效缓解心理和生理压力的重要因素。因此，拥有良好人际关系的单身人士生活满意度高并不令人惊奇。

▶ 哪些因素能够使婚姻长久？

　　随着婚姻生活的展开，初期阶段的激情将会逐渐演化成一种牢固的亲密和承诺关系。因此，增进彼此的亲密程度和情感上的投入对一段长久的婚姻是极其重要的。良好的沟通，建设性地解决一些婚姻中的摩擦，共同的经历和价值观以及彼此间深切的关怀与爱都能够促成一段美好的婚姻。另外，经济上的稳定，

与大家庭成员间的良好关系和双方家庭中的行为榜样也与长久的婚姻有着密不可分的关系。

▶ 哪些因素能够导致婚姻失败？

研究表明，20出头或更年轻的人比年长一些的人更容易出现婚姻失败。同时，过于草率的婚姻，比如相识后6个月之内就结婚，也很容易导致婚姻失败。除此之外，不良的经济状况、与家人分离或恶劣的家庭关系、大家庭中缺少正面的婚姻榜样，也都容易导致离婚的结果。约翰·葛特曼（John Gottman）在1993年的论文中提到，婚姻成败与否也可以由配偶间交流的质量来预测。夫妻若是表现出很强的防御、蔑视、妨碍、批评和厌恶的表情，他们就有可能在几年后分手或离婚。

▶ 拥有共同兴趣爱好有多重要？

与我们通常的认识不同，两个人之间的不同点并不会吸引对方，或者不会特别吸引对方。人很可能会被与他们有相似之处的伴侣所吸引。研究表明，配偶往往拥有很多相似点，比如兴趣、个性、态度、种族背景、教育目标或成就，甚至身高。有共同之处的伴侣间的情感会发展得更好、更持久。伴侣们不应该期望他们拥有所有的兴趣、价值观或者态度，但拥有较多的相同点会对婚姻生活很有帮助。

▶ 婚姻中的沟通有多重要？

有效的沟通是成功婚姻的一个关键因素。事实上，大多数婚姻治疗都着力于增加沟通。排除婚姻道路上的每一个障碍是没有必要的，甚至是毁灭性的。关键是要对当前的问题或对个人来说意义重大的问题进行直接讨论。人们不能期望对方主动了解自己的需要或什么地方使对方不高兴。一旦缺乏足够的沟通就会产生误解，造成不必要的冲突。此外，沟通不足会产生情感距离，伴侣也渐渐疏远。如果这种情况继续有增无减，伴侣中的一方最终会在婚姻外寻求情感和身体上的慰藉。

夫妻双方的争执有时很令人头疼，但是偶尔的争吵是很正常的。然而，若让争吵主宰婚姻，将会对美好的婚姻造成伤害。（图片来源：iStock 图像）

▶ 婚姻中的争吵是正常的吗？

婚姻中的争吵当然是正常的。婚姻是人生中最亲密最持久的关系之一，夫妻的生活是紧密联系的，因此，某种程度的冲突不可避免，虽然有些冲突是完全可以预料的。如果争吵主宰了婚姻生活，那么婚姻的满意度就会大打折扣。另外，处理冲突的方法非常重要。解决冲突时采取健康的方法能加固婚姻关系，而如果采取破坏力的方式则会严重破坏婚姻关系。

▶ 婚姻中的吵架方式有好坏之分吗？

婚姻中的争吵方式绝对是有好坏之分的。一般来说，人们应该直接说出他们的想法，将焦点集中在产生问题的具体行为或环境上，清楚地陈述情绪、需要和想法，承认自己对该问题承担的责任，并且鼓励对方表达他或她的观点。而无效的解决策略包括谴责对方、设置障碍、情绪爆发、骂人、防御抵抗、重复相处以来的

每一次抱怨。研究表明,这些行为只会升级冲突而不会化解矛盾,只能使人关注怎样在争吵中获胜而不会解决问题。没有人会一直表现得很成熟,每个人都可能偶尔表现出不成熟的一面,但最重要的是要有一些建设性的处理方法。相关研究表明,不合适的冲突解决方法是导致不幸的婚姻乃至离婚的最关键因素。

▶ **避免冲突对婚姻有怎样的影响?**

虽然经常性的争吵无疑会给婚姻带来损害,因此夫妻必须学会化解矛盾的艺术,但完全避免矛盾的发生对婚姻也是有害的。当人们不断地避免一些会产生矛盾的话题时,误解就会随之产生,夫妻也开始渐渐疏远。如果双方在引起矛盾的问题上如履薄冰,那么夫妻的关系就会越来越淡,双方也就失去了很多共同拥有的经历和感受,而这种共同的经历和感受才是婚姻的情感基础。

▶ **婚姻中的争吵有哪些"切记"和"切忌"?**

基于临床方面和理论方面的研究结果,下表总结了一些在夫妻双方发生争吵时"切记"和"切忌"的话,以供参考。

切 记	切 忌
把注意力集中在问题的解决上	把注意力集中在赢得这场争执上
说理要针对某一具体问题	把整段婚姻关系说得一无是处
尽量就事论事	把以前的委屈又重复说一遍
说理要针对对方的行为,而不是性格	把问题的原因归咎于他/她的性格缺陷
清楚地表达自己的想法和感受	等着他/她去读懂自己的想法。出于骄傲不与对方说话,拒绝承认你的伴侣心中有你
承认自己在这一问题上的责任	认为自己完全没有错误,否定他/她的一切看法
认同他/她的感受	不认同他/她的感受
提出问题的解决办法	不提出任何解决办法,并且企图由他/她去解决问题或改过自新
请对方提出解决办法	坚持用自己的办法解决问题
把问题的范围锁定在你和他/她之间	把其他人扯到问题中,告诉他/她有多少朋友和家人赞同自己的做法

▶ 性生活对于婚姻有多重要？

对于大多数的婚姻而言，性生活是一个非常重要的组成部分。健康的、双方都能得到满足的性生活可以增进夫妻的亲密感和激情，缓解婚姻生活中一些不可避免的紧张和压力。不能令彼此满足的性生活则会引起婚姻生活中的一些问题，成为感情问题的一种表现。然而，必须要指明的是，并不是所有的夫妻双方都有同等程度的性生活需求。另外，随着夫妻双方年龄的增长，性生活也会逐渐减少。重要的是夫妻双方都能在性生活中得到满足。

▶ 不同的婚姻中性别角色有怎样的变化？

人们通常把传统的性别角色和基于平等主义的性别角色区别开来。在传统的性别角色中，男性是家庭的主要经济来源，承担着顶梁柱的角色。养家糊口、保护家人是他应尽的责任。而女性的角色是照顾家人，负责家务，包括煮饭、清洁、购物以及照看孩子。然而，在更加平等的婚姻中，无论是上班挣钱还是操持家务都不是哪一方本来就应该做的事。夫妻双方应该在家庭中享有同样的权利，并不存在相互之间的隶属关系。自20世纪60年代起，社会的发展已产生了巨大的变化，西方社会的性别角色也变得平等了很多。在某种程度上，这些变化已经影响到了东方的一些工业化国家，比如印度、日本。然而，很多研究都表明，男性的收入仍然高于自己的妻子，女性承担的家务劳动仍然远远多于自己的丈夫。

▶ 性别角色的转换对婚姻有何影响？

性别角色的转换对于婚姻的影响是很复杂的。在20世纪70年代，女性解放运动达到了高潮，当时的离婚率增长很快，在80年代达到最大值，到2000年之后才趋于平稳。离婚率达到高峰很有可能与传统性别角色的瓦解和夫妻双方很难适应不断变化的预期有关，而与新的性别角色的具体本质无关。由于男女双方已经习惯了女性投入更多的精力于工作中，拥有更多的自主权，所以婚姻似乎更加稳定了。然而，一般来说，人们总是把个人的满意感置于家庭关系之上，所以越是我行我素，就越可能出现较高的离婚率。另一方面，一些研究也

发现,性别角色越平等,夫妻双方的婚姻满意度就越高,甚至是在相当传统的文化中也是如此。

平等主义的性别角色似乎能够增进婚姻的和谐,而婚姻和谐又能够增加夫妻双方对于婚姻的满意程度。据此,马里特·哈格顿(Mariet Hagedoorn)和她的同事2006年进行了一项研究,研究表明自认为在婚姻中与对方关系平等的人所体会到的心理压力更小。有趣的是,一些人自认为从不平等的婚姻关系中得到了好处,但研究结果却表明他们的心理压力更大。

▶ 随着时间的推移,美国的结婚率发生了怎样的变化?

尽管在过去的40年时间里,性别角色发生了巨大的变化,但是总体的结婚统计数据并没有像人们预言的那样产生剧烈的变化。根据美国人口普查局1950年的数据,在15岁以上的人口中,大约有32%的人未婚,68%的人已婚,4%的人丧偶,2%的人离婚。而到了2007年,上述四项统计数据分别变化为33%、56%、2%、8%。

▶ 随着时间的推移,美国人的结婚时间发生变化了吗?

根据美国人口普查局的数据,相比20世纪中期,人们现在平均的结婚年龄向后推移了将近5年的时间。在1950年,男性第一次结婚时的年龄为22.8岁,女性为20.3岁。而到了2007年,两项数据则分别提高到27.5岁和25.6岁。

▶ 对待婚姻的方式会因文化不同而不同吗?

集体主义文化与个人主义文化之间的区别经常是跨文化研究所关注的重点。在集体主义文化中,比如朝鲜、印度、中国等国家,个人的身份通常与人们所在的社会群体紧密相关。而在个人主义价值观为主导的文化中,比如美国、加拿大、澳大利亚等国家,个人的身份是第一位的。拥有集体主义价值观的人希望随着婚姻的发展,夫妻间的爱会不断加深。他们在择偶时,会把一些现实问题看得很重,比如,未来的收入、抚养子女的能力以及与家族融合的程度等,而忽视了夫妻之间的浪漫与激情。相比之下,拥有个人主义

在过去的40年里，美国人的婚姻发生了很大的变化，其中之一就是结婚的年龄越来越晚。（图片来源：iStock 图像）

　　随着文化的发展变化，我们对两性之间的共同点与不同点的理解也在发生着变化。有史以来，女性一直被认为与男性有很多不同，有时甚至被认为比男性差——不够强壮、被动、过于感性、智商不高等。始于20世纪70年代的女权运动有力地回应了这种贬低女性的观点，使人们将关注的焦点转移到两性之间的共同点上。

　　然而，最近几十年来，人们开始越来越关注男女两性之间的差异。尽管我们不能完全确定这些差异中有多少是由于生物原因或是环境因素（先天的还是后天的）造成的，但研究确实表明男女之间存在着差异。在1990年，珍妮特·西布莉·海德（Janet Shibley Hyde）发表了一项关于男女之间几种典型心理特征的元分析研究结果。她发现，男性在攻击性和数学能力方面极其显著地高于女性，在某些空间感知能力上也显著地高于女性；而女性则在语言能力上表现得比男性更好。

　　另外一个男女之间存在差异的方面就是他们对待压力的反应。谢利·泰勒（Shelley Taylor）和她的同事在2000年提出了"照料与结盟"模式。她们认为，与男性相比，女性在面对压力时更容易表现出体贴、有亲和力的一面，这很可能与雌激素和催产素相互作用所产生的调节有关。而另一方面，男性在面对压力时更容易表现出"或战或逃"（fight or flight）的状态，这很可能与男性大脑中去甲肾上腺素和肾上腺素这两种化学物质的调节有关。同时，男性荷尔蒙睾酮的分泌也促使了"或战或逃"反应的产生。

　　然而，我们需要明白的是，人们无法知道男女之间有多少差异是后天产生的，有多少差异是先天获得的。虽然男女之间确实存在着差异，但是差异的程度很有可能受到文化和环境因素的强烈影响，甚至生物过程也会受到环境因素的强烈影响。

价值取向的人在寻找另一半的时候则会强调浪漫的爱情。他们看重的是激情——那种心跳的感觉和相互的身体吸引。通过斯腾伯格的爱的三元论理论，学者高阁（Ge Gao）在2001年的一项研究中考察了90对中国夫妇和77对美国夫妇在亲密、激情和承诺3个因素上的得分。在激情因素上，美国夫妇的得分高于中国夫妇，但在亲密和承诺2个因素上，两组间并没有差异。另外，拥有个人主义价值观的人不倾向于养育过多的子女，同时其离婚率也较高。

怀　孕

▶ 怀孕会带来哪些心理上的挑战？

为人父母是人生中心理上最大的转变之一。幸运的是，自然界给了女性40周的孕期为这个转变做好准备。在这段时间里，准爸爸和准妈妈都会做出一些必要的且实际的安排来迎接婴儿的诞生。同时，他们也经历着一系列心理上的转变，渐渐调整自己以适应为人父母的巨大责任。不管是准爸爸还是准妈妈都需要重新认识自己的身份，从自己父母的孩子变成自己孩子的父母。此外，由于即将为人父母，所以他们必须为即将失去的一部分自由做好心理准备。宝宝出生后，父母就不再是一个单一的独立个体，也不能只对自己负责。从现在起，必须从负责任的父母的角度做出每一个决定。就像任何一位父母能够告诉你的那样，即使是在孩子长大离家独立生活之后，作为父母的责任也不会完全消失。

▶ 第一次为人父母会经历哪些身份上的转变？

特别是对孕妇而言，知道宝宝在自己的身体里慢慢长大，她们对于自己身份的认识将会发生极大的变化。自己的身体不再只属于自己，而有了另一个生命在自己的身体里孕育。同样，女性的身份也从一个独立的自我变成了一个包括自己的宝宝在内的更广义的自我。如果我们想想父母无私地投入在孩子身上

的时间、精力以及各种资源，那么我们一定会感到震惊。父母们每天支出大笔的开销，付出非凡的牺牲，有时甚至是自己的生命，就为一个目的——自己的孩子。没有什么别的事情能使人类如此忘我地去爱另一个人。进化生物学家认为此种行为是因为亲代必须在进化的过程中将自己的基因传递给子代。从心理学方面来讲，这一趋势表明在身份的转变中，曾经的一个人现在变成了两个人。父母不是将孩子看成是一个完全独立的人，而是在某种程度上把他们看成自己生命的延伸。

▶ 与父母间的关系会对怀孕所带来的心理挑战有怎样的影响？

在怀孕期间，父母即将面对养育一个完全需要照顾的婴儿。于是曾经被自己父母照顾的感受和记忆势必将会重新出现在自己的脑海中。这种回忆可能是有意识的，也就是说准父母会主动地回想自己童年时期与父母的感情经历；或者这种回忆也可能是无意识的，也就是将自己童年时期受到的影响通过自己的想象、态度和对宝宝的期待体现出来。如果他们在自己的童年时期与父母的关系是比较积极的话，那么他们将会对自己的父母曾经所付出的辛苦和奉献更加感激，会对自己父母当时所经历的事情更加感同身受。如果自己童年时期与父母的关系过于紧张，那么那些消极的因素将会干扰自己准备为人父母的身份转变的过程。这些准父母可能会加剧自己是否有能力为人父母的担忧，过分恐惧养育子女所要付出的代价，或担心自己无法满足宝宝的情感需求。另外，他们可能无法想象和预测将来与宝宝的关系到底会是什么样子。无论准父母与自己的父母关系如何，他们都可以利用怀孕这段时间来反思自己被父母照顾的成长过程，想清楚在自己的孩子

当新生命诞生时，家人之间会变得更加亲密。
（图片来源：iStock 图像）

身上,他们希望看到哪些事情发生,不希望看到哪些事情发生。

▶ 怀孕期间,准父母与他们父母之间的关系会发生怎样的变化?

总的来说,在新生命即将诞生的家庭中,家人之间会变得更加亲密。尤其是母女关系会变得更加亲密,因为准妈妈在这一时期需要很多支持和各种信息。由于青年人希望建立自己的生活和身份,因此在青年时期,他们通常会与父母相对独立地各自生活。然而,在怀孕期间,情况会有所改变。准父母们需要购置婴儿床、婴儿装、孕妇装,还有如果怀孕导致孕妇身体不适的话,他们还需要对于这段特殊时期日常生活的建议和帮助。于是在这种时刻,他们的父母通常会来照顾他们,或者至少为自己的儿女提供一些帮助。有些时候,这可能会导致一些摩擦,但通常两代人对这个即将到来的新生命所付出的辛苦往往会使他们之间的感情更近一层。

▶ 孕妇会经历哪些生理上的挑战?

在整个孕期,孕妇会经历许多生理上的变化。她们体内的荷尔蒙激增,体型和体态也有明显的变化。对于一些女性来说,身体上的改变是她们的骄傲和快乐;而对于另一些女性而言,她们却害怕自己变得太胖,身材无法恢复。在妊娠初期的头3个月,身体和神经系统开始出现反应,使得体内荷尔蒙猛增,导致孕妇会感到恶心,出现孕呕现象。尽管这一时期孕妇的体重尚未有明显的增加,但是她们经常会感到身体不适。在妊娠中期,孕呕现象一般会消失,胎儿渐渐长大,使得准妈妈看起来有了怀孕的迹象。这段时间也是胎动时期,宝宝学会了"踢"妈妈的肚子。在妊娠末期,胎儿的大部分身体已经发育,这时胎儿只是需要继续生长。在这一时期,孕妇由于体型和体态变化大而感觉身体更加不适:她们往往行动不便,而且经常失眠。

▶ 荷尔蒙对孕期的感受有何影响?

荷尔蒙的激增对孕妇的身体和情绪方面都有影响。在妊娠初期,荷尔蒙的增长达到峰值,孕妇会遭受恶心和孕呕的折磨,也会受到情绪不稳以及情绪波动的影响。由于丈夫可能会备受情绪波动的妻子的责备,因此,孕期的夫妻关系会

遭遇一些挑战。到了妊娠中期，这一现象会逐渐改观。事实上，妊娠中期孕妇身体和情绪上的各种不适都会渐渐过去，相对于妊娠后期行动又比较灵活，因此，这一时期是整个孕期中最令人愉快的一个阶段。

▶ 催产素对孕妇的心理构成起到什么作用？

催产素及其相关的另一种化学物质——后叶加压素越来越得到学术界的重视。催产素与怀孕、分娩、哺乳以及子女养育等方面关系密切。我们可以推断出孕期催产素的激增有助于准妈妈养育宝宝。研究显示催产素与依恋关系有联系，所以，我们可以认为孕期催产素的分泌有助于增进母婴之间的情感联系，也有助于准妈妈在孕期无时无刻不惦记着自己的宝宝。

▶ 准爸爸在妻子孕期中会经历哪些挑战？

在孕期，准爸爸们必须开始逐渐培养与胎儿间的感情。虽然此时宝宝尚未出生，但他们可以通过想象建立一些联系。对于很多男性而言，与宝宝建立联系极具挑战，因为他们感受不到妻子身体上的变化，所以在他们看来宝宝好像还不太真实。这一点在林赛·格尔纳（Lindsey Gerner）2006年的一项研究中得到了证实。其研究表明，对父母与胎儿间的依恋，最强的预测就是对胎儿的超声检查。非常明显，声像能够帮助准爸爸更真实地感受到自己的宝宝。另外，准爸爸们还经常因为需要承担起为人父的巨大责任而感到恐惧，他们怀疑自己是否有能力去应对今后有宝宝的生活。

女性总是怀疑自己养育子女的能力，而男性则更担心经济上的问题。很多男性对自己能否为家庭提供充足的经济来源感到极度担心。准爸爸在妻子孕期的情感体验很大程度上取决于与妻子的感情关系。一些研究关注了男性的婚姻满意度和与自己在妻子妊娠和子女养育过程中的参与度、满意度之间的关系。结果表明，尽管对大多数男性来讲，养育子女是一段颇有意义的经历，但是父亲与子女间的关系往往受到婚姻关系的极大影响，而对母亲与子女间的关系则影响不大。这种差别使得夫妻双方在子女养育方面需要注意这样一个问题，即对于婚姻关系和子女而言，父母尽量不要因为关注宝宝而忽视了对双方婚姻生活的投入，这一点是至关重要的。

▶ 何谓"拟娩"？

拟娩作为一种奇妙的跨文化现象，指的是一些男性在配偶怀孕期间经历了类似女性怀孕的症状。在很多不同的文化中都有拟娩现象发生，在马可·波罗（Marco Polo）的世界游记中也有所记载。男性拟娩时身体会出现一些与女性妊娠相类似的症状，比如胃胀、失眠，甚至体重增加。

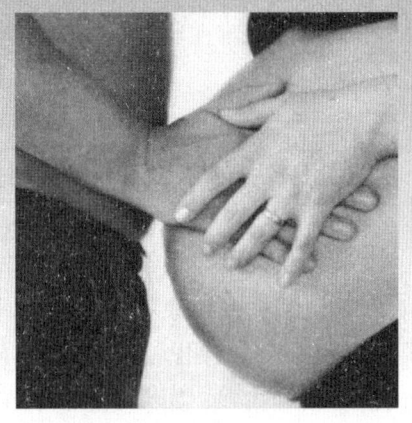

拟娩能够对男性的心理产生影响。男性通过自身出现的一些"妊娠现象"，对妻子的经历能够更加感同身受，希望妻子能够认识到在怀孕过程中他的作用，并且为宝宝的诞生做好心

研究表明，一些男性对于妻子的怀孕会过度紧张，导致他们自身也会表现出一些孕期女性的生理症状。（图片来源：iStock 图像）

理准备。一些学者认为，这一现象的产生既有生理原因也有心理原因。的确，有证据表明在妻子怀孕期间男性确实经历了与女性类似的荷尔蒙的变化，当然，只是趋势上的类似而不是激素水平上的类似。研究表明，在孕期刚刚开始的时候，男女双方体内的泌乳刺激素和雌二醇呈上升的趋势，而睾酮则呈下降的趋势。

子 女 养 育

▶ 亲子关系有多重要？

对很多父母而言，他们对于子女的爱是最强烈的爱。他们爱上了自己的宝

宝。这种爱并不是理智的爱，不是经过选择或深思熟虑而感受到的爱。它是一种既深刻又强大的力量，改变着刚刚为人父母的年轻人的生活。从进化论的角度来讲，父母这种盲目的爱是完全合理的。宝宝需要父母百分之百的照顾，需要父母长年投入大量的时间、精力和财力。如果父母没有感受到对宝宝强烈的爱，那么他们可能很难在养育子女的过程中做出如此多的牺牲，更不用说教育他们长大成人。

▶ 宝宝出生后的第一年中，父母最大的压力是什么？

尽管新生命的诞生给全家人带来了快乐，但是宝宝出生后的第一年却令人倍感压力。最大的挑战就是父母的睡眠会严重不足。此外，由于刚出生的宝宝需要每天24小时的照顾，因此，父母必须放弃大量的个人时间，甚至有时连洗澡的时间都很难找到。如果妻子辞职在家照顾宝宝，那么家里很有可能会面对经济上的困难；如果妻子继续上班，那么照顾宝宝的工作就必须有所安排。还有，照顾婴儿还意味着日常生活会发生很大的改变：一日三餐、社交生活、洗熨衣服等很多方面都需要以照顾宝宝为中心。父母最终会建立起新的作息习惯，但这一转变过程会非常辛苦。

▶ 在子女养育过程中，人们对性别角色的理解有何不同？

根据自然规律，母亲会参与到子女养育的全部过程，而父亲的作用却有着很大的不同。大多数的父亲会承担起养家糊口、保护家人的责任，但由于文化和历史阶段的不同，他们参与子女养育的程度也有所不同。在当代的西方社会中，性别角色在过去几十年的变迁已经根本性地改变了人们对父亲在子女养育过程中所起到的作用的看法。尽管母亲仍然承担着大部分养育子女的任务，但是现在的父亲应该比自己的父亲承担起更多的责任。由于夫妻双方对父亲所应该承担的责任可能抱有不同的观点和期望，因此，这种角色上的变化可能带来一些问题。许多研究表明刚刚成为父亲的人对于自己的角色缺乏很好的理解。这些研究表明他们对于自己在子女养育的过程中所应起到的作用不太确定，同时也不太能够理解妻子在这一过程中所承受的压力，因此对于子女养育的方法总是有一些不切实际的理解。

▶ 宝宝的出生对父母的婚姻有怎样的影响?

宝宝的出生对父母的婚姻有着相当大的影响。正如父母的个人生活随着宝宝的出生而发生了永远的改变一样,婚姻也会随着宝宝的出生产生不可逆转的变化。为人父母使得夫妻双方的关系更加紧密,他们孕育了一个新的生命,这是他们所共同拥有的既美好又难忘的一段经历。然而,这个新生命的到来却给父母的婚姻带来了很大的压力:一方面,父母需要腾出大量的时间精心照顾婴儿;另一方面,婴儿要用几个月的时间才能够养成规律性的睡眠习惯,由此夫妻会产生极度的疲劳感。这样夫妻两人容易发火,经常出现情绪上的波动,这样的生活对两人的婚姻会产生很大的影响。

▶ 哪些因素有助于夫妻双方适应自己的父母身份?

研究表明,父母对宝宝出生之后的生活往往会有各种期待,期待最切实际的父母最容易适应其父母身份。其他一些保护性因素包括:对夫妻各自所需承担的角色分工明确,建立起规律性的日常生活以及保证对两人婚姻关系的时间投入(比如每周晚间的约会)等。社会支持以及经济上的稳定也有助于夫妻顺利适应父母身份。

▶ 关于子女的管教有哪些主要问题?

对于子女的管教是子女养育的一个基本方面,缺乏管教对儿童的成长将会非常不利。在儿童成长过程中父母必须在"管"与"不管"之间找到平衡,而这绝不是一件简单的事情。然而,父母必须要在过分严格和过分宽松之间找到教育子女的合适的方法。

▶ 为什么约束孩子在子女养育过程中如此重要?

由于儿童不能够自我约束,因此父母约束孩子就显得尤为重要。他们需要父母的管教。与忍受孩子的脾气相比,很多父母觉得顺着孩子避免与他们争吵更容易。然而,顺着孩子是很不妥当的,因此父母必须要暂时忍受一些不快以便

养成孩子规矩的行为。没有约束的儿童会觉得自己在与父母的相处过程中拥有极大的权力，而这会使得他们失去安全感。尽管他们并不愿意感受挫折，而是一直希望得到自己想要的东西，但他们也会觉得自己无法控制自己的生活，并且总是需要依赖成人的帮助和控制。

▶ 约束是如何提高儿童承受挫折的能力的?

适当的一些约束有助于儿童学会怎样控制自己的情绪和冲动。如果缺少这项必要的技能，儿童将很难在社会中凭借自己的能力生存。因此，每当儿童陷入挫折或焦虑时，如果父母总是奋不顾身地帮助孩子，那么他们的行为其实是在使孩子失去学习处理消极情绪的机会，进而阻碍了儿童解决问题和调节情绪的能力的发展。孩子在家里容易被娇惯，而外面的世界则不会容忍他们的异想天开。所以，儿童如果不去学着适应家庭以外的世界，那么他们将会面对很大的挫折、焦虑和人际交往问题。从小被娇惯的孩子成年后可能没有能力处理人际关系和工作中遇到的一些不可避免的问题，所以这些问题很容易伴随他们进入成年阶段。

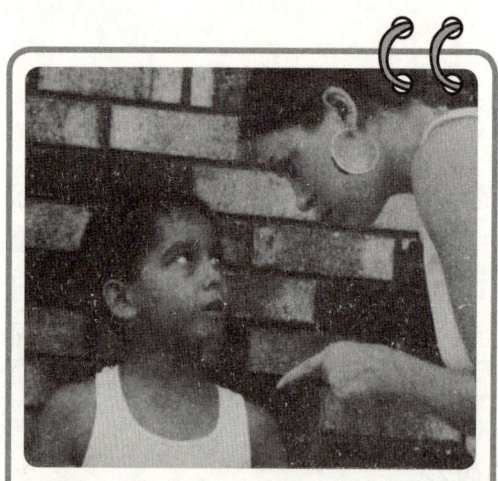

父母应该通过管教来约束孩子的行为，但是过多或过少的约束都是有害的。(图片来源：iStock 图像)

▶ 父母太严厉会带来哪些害处?

另一方面，父母过于严厉和压制又会带来害处。如果父母的管教过于严厉、独断、以自我为中心，那么这种管教也是不合适的。孩子可能跟父母的管教产生对抗关系，做出一系列的反抗行为或产生严重的怨恨心理。同样，被严加管教的孩子不会把父母的戒律转化成父母期望他们最终培养的自律。孩子到了成年时期，表现出来的明显特征将是缺乏自控能力或者处理问题拖拖拉拉，或者过于自控的孩子会变得极度消极被动,导致他们的自主性显著受到限制。

▶ 戴安娜·鲍姆林德对家庭教育方式进行了怎样的分类?

戴安娜·鲍姆林德(Diana Baumrind)于20世纪70年代开始,进行了一系列关于家庭教育方式差异的研究。在亲自观察了父母与学龄前儿童的相处后,鲍姆林德总结出家庭教育的三个维度:接受性和参与性、控制性(即父母控制)、自主性(允许孩子自己做决定)。基于这三种维度产生了四种不同的家庭教育方式:权威型、独裁型、放任型和自由型。权威型的家庭教育方式在上述三个维度上的水平都要高于其他三种家庭教育方式,能够对父母的权威和孩子的自主性进行平衡;独裁型的家庭教育方式表现出父母的权威高于一切,接受性和参与性以及自主性的水平较低;放任型的家庭教育方式是父母的控制较少,授予孩子充分的自主权,此种类型的家庭教育对孩子的行为接受性水平很高,但参与性不足,因为家长疏于其职责,也易过度娇纵孩子;自由型的家庭教育方式在三个维度上的水平都是最低的。四种不同的家庭教育方式中,权威型的家庭教育方式产生最好的教育效果,这样的教育培养出来的儿童乐观、自信、情绪饱满、善于社交。

▶ 体罚何时变成了虐待儿童?

几个世纪以来,在孩子教育中体罚一直得到人们的认可。但最近几十年,体罚被认为是不合时宜的暴力行为,希望杜绝体罚现象。大量的研究表明,非体罚的约束形式会有更好的效果。然而由于文化背景不同,体罚也有差异。一些研究发现:在非裔美国人社区里,体罚孩子不会被人们看作是家长的发泄行为,不会遭受学校或警察的干预,在那里体罚似乎是管教孩子的有效的教育方式,而不是在发泄愤怒。然而,当体罚过于严厉就变成对儿童的虐待,会造成他们身体上的伤害和心理上的痛苦,那就是无法预料的或者是独断专横的,是父母在泄愤,而不是在向孩子灌输适当的行为标准。

▶ 坚持家庭教育有何重要性?

保持坚定的立场对于许多父母来说是一项具有挑战性的任务。父母总是很

难坚持自己对孩子的要求,对于什么事情可以做,什么事情不可以做总是会屈服于孩子的要求。最难的问题在于儿童对规则是什么和界限在哪里没有清晰的认知。父母没有坚持实施自己立下的规则使得对子女的教育更加复杂。根据行为主义的观点,间歇式的强化会使行为更具抵抗性。举个例子来说,假设孩子的特定要求被父母否决,而父母最终又屈服于孩子的要求,孩子明白了"否"不一定意味着"否",父母就被自己操控了;那么下次当孩子再遇到"否"时,自动的反应就是强化自己的要求直至父母最终屈服。

▶ 对子女的慈爱有多重要?

当然,父母并不只会管教。从本质上讲,更多的是对孩子的爱。在儿童的成长过程中,父母的慈爱对孩子起着至关重要的作用,使他们在成长过程中逐渐接受亲密行为和身体上的接触。此外,大量的研究证明关心和慈爱在个体神经发育方面具有重要的作用,尤其会影响个体的压力应对能力和积极的情绪调节能力。雷内·斯皮茨(Rene Spitz)的经典研究展示了情感剥夺对儿童的消极影响。斯皮茨博士在第二次世界大战期间对一所孤儿院中的婴儿进行了研究。这些被母亲抛弃的婴儿,虽然生活在温暖、干净的环境中并得到精心养育,但是并没有得到抚爱或者特别的照顾。这种完全的剥夺严重地影响了婴儿在认知、运动以及身体方面的发育,甚至导致婴儿较高的死亡率。

▶ 父母在教育儿童学会控制自己的情绪方面起着怎样的作用?

父母在儿童情绪胜任力的培养方面也起着重要的作用。儿童必须要学会认识、理解并且控制自己的情绪。与走路、说话不同,如果没有父母的参与,只是让儿童自己独立学习,那么对儿童情绪胜任力的培养将是不可能成功的。父母对孩子的经历及其情绪表达的敏感性在很大程度上影响着儿童情绪胜任力的培养。约翰·葛特曼(John Gottman)、林恩·凯茨(Lynn Katz)和卡罗尔·胡文(Carole Hooven)在1996年进行的一项研究中发现,根据儿童5岁时家庭教育的质量能够对5岁和8岁时的情绪培养结果进行预测。

研究所测量的教育方式涉及3种:情绪指导型、赞美支架型以及父母贬损型。情绪指导型的父母教育孩子如何理解和管理自己的情绪;赞美支架型的父

迈克尔·米尼（Michael Meaney）和他的同事进行的一系列研究表明童年时期的经历是如何影响基因运作的。通过对小白鼠的精心研究，米尼发现母鼠的照顾对子代体内与压力应对有关的基因产生了极大的影响。这一过程通过一些叫作表观遗传标记物的化学物质得以实现。表观遗传标记物能附着在基因上，并改变基因的表

与得到较少触觉刺激的小鼠相比，经常被母鼠舔舐的小鼠成年后会表现出更少的压力感。（图片来源：iStock图像）

达。也就是说，它们能够控制特定的基因在生物体内表达与否。重要的是，它们并不改变DNA序列，只是改变特定的基因的表达。基因的整体结构并没有变化，只是哪部分基因得以表达发生了变化。

研究将经常被母鼠舔舐的小鼠与不经常被舔舐的小鼠进行了对比。研究发现，与不经常被母鼠舔舐的小鼠相比，经常被母鼠舔舐的小鼠获得了更多的触觉刺激，其表观遗传标记物的水平较低。它们表现出的压力感和紧张感相对较小，能够更好地让自己安静下来。

这些表观遗传标记物能够在人类身上同样发挥作用。研究者将死于自杀或车祸的人的大脑进行解剖发现，童年时期遭受过虐待的人的大脑中呈现较多的表观遗传标记物。这可能说明，无论是在小鼠还是在人类身上，父母的关爱都影响着表观遗传标记物的生成，而这类标记物反过来又会影响人们对压力的应对。婴儿阶段得到父母的关爱有助于应对压力，而缺少关爱则会使压力应对变得困难。

母则主要以鼓励、支持为主；而贬损型的父母主要以干涉、批评和挖苦孩子为主。教育结果包括儿童的情绪管理、同伴关系、学业成绩、健康水平以及迷走神经张力——一种生理学上的压力反应指标。正如研究所预期的一样，情绪指导型、赞美支架型的得分越高，父母贬损型的得分越低，产生的教育结果就越好。情绪指导型尤其能够对5岁和8岁儿童的积极情感功能进行预测。

▶ 不同文化间父母教育子女的方式主要有哪些方面的不同？

尽管各种文化中的家庭教育都意味着对子女的爱、奉献、教育以及管束，但是在其他一些方面还是存在着较大的差异。总的来说，在集体主义占主导的传统文化中（比如在亚洲和非洲地区），父母的教育是以培养子女与家人的相互依靠、对权威的尊重以及控制自己的行为为主；而以个人主义为主导的文化（例如北美地区和欧洲西北部地区）则推崇独立，摒弃等级关系，给个体更多的自我表达的自由。另外，不同文化在身体亲密接触上也有差异，例如，与欧洲南部地区相比，欧洲北部地区的文化传统中对于情绪表达和身体上的亲密接触等都相对比较保守。

家　庭

▶ 什么是家庭？

美国人口普查局将家庭定义为因生养、收养或者婚姻行为而产生联系的人的群体。而更宽泛的定义则是指以相互承诺的关系长期生活在一起的人的群体。例如，在没有法律认可的情况下，很多同性恋伴侣也在一起生活了几十年。然而，总体来说，由美国人口普查局所给出的定义反映了人们对"家庭"这一概念的传统理解。

▶ 过去的几十年里，家庭结构发生了怎样的变化？

尽管家庭的基本单位已经证明是相对有弹性的，但是至少在西方发达国家里，在近几十年里典型的家庭结构发生了相当大的改变。首先，单亲家庭的比例显著增加。由于人们的结婚年龄较晚和离婚率较高，人们独自生活的时间就更长。然而，养育孩子或不养育孩子的已婚夫妇仍然构成了最普遍的家庭结构。根据2000年的人口普查，已婚夫妇占美国家庭总数的一半以上，而单身的比例超过了1/4。另外，同性和异性未婚同居家庭、三代同堂家庭以及单亲家庭也构成了美国家庭的一大部分。此外，离婚后的重组家庭在美国家庭结构中也常见。

▶ 近期美国的人口普查数据反映美国怎样的婚姻生活？

下表是2004年男女未婚或离婚的百分比数据。如表所示，传统的核心家庭是美国大多数家庭生活中唯一受欢迎的生活方式。

2004 年美国的未婚人口

性别/年龄段	未婚人口百分比	离婚人口百分比
男性25—29岁	53.6	5.1
男性30—34岁	30.3	13.1
男性35—39岁	20.2	20.7
女性25—29岁	41.3	7.0
女性30—34岁	22.3	17.1
女性35—39岁	16.2	25.6

▶ 单亲家庭有多普遍？

尽管双亲家庭仍然是有孩子的家庭中最普遍的家庭结构类型，但是近几十年来，儿童出生或者成长在单亲家庭的数量与日俱增。根据美国人口普查数据统计，1970 —1990年期间，单亲家庭的比率增长了3倍；在2008年，70%的美国儿童与父母双亲生活，23%的儿童单独与母亲生活，3.5%的儿童单独与父亲生活，还有3.8%的儿童不跟父母生活。单亲家庭的数量有着很大的种族差异性。例如，2008年，在单亲家庭中单独与母亲生活的儿童比率各种族差异较大，欧裔儿童占17%，非裔儿童占51%，亚裔儿童占10%，西班牙裔儿童占24%。

▶ 不同的家庭结构对儿童有怎样的影响?

大量证据表明,单亲家庭的儿童比双亲家庭的儿童更容易出现情绪、学业和社交方面的问题。事实更是如此,许多单亲家庭非常贫困,受教育程度不高,大多居住在犯罪率较高的区域,儿童在这样的环境下生活很容易出现问题。重要的是父母需要足够的社会支持、经济来源和抗压能力等来为孩子提供一个安稳、健康的家庭成长环境。在最近几十年,有孩子的同性恋家庭数量日益增长。研究表明:在同性恋家庭中成长的儿童在情感和社交方面无异于异性恋家庭中的儿童。此外,同性恋家庭中的儿童在性取向方面也没有任何差别,生活在同性恋家庭的大多数儿童日后都成为异性恋者。然而,同性恋家庭的儿童成长的外部社会环境确实有差异,接受同性恋家庭的社会环境能够促进同性恋家庭的儿童积极地适应环境,而不接受同性恋家庭的社会环境会对同性恋家庭的儿童造成巨大的心理伤害。

▶ 不同文化的家庭结构有何不同?

家庭结构因文化差异而不同,最普遍的方式是几代人生活在一起的大家庭。西方社会的现代工业和文化促进了核心家庭取代大家庭的进程,新婚夫妇从他们的父母身边搬离出去,组建自己独立的新家庭。在许多传统文化中,大家庭与核心家庭之间的界限意识相当淡薄,好几代人常居住在一个大家庭里,爷爷、奶奶、叔叔、姑姑在晚辈的婚姻生活中以及在其后代的抚养中都发挥着重要的作用。

▶ 家庭系统这一术语的含义是什么?

对家庭功能的深入研究来源于家庭疗法的文献。在20世纪60、70年代,家庭疗法从个人疗法领域中脱离出来,形成了自己的理论和哲学观。其核心思想受到生殖生物学家路德维希·冯·贝塔朗菲(Ludwig von Bertolanffy)思想的影响。贝塔朗菲认为家庭应该被看作是系统,而不是对孤立的各部分的静态的集合体。换句话说,家庭应该被看作是一个动态的整体,一个有生命的有机体,而不是不相关的物体的堆积。

▶ 2000年的美国人口普查关于家庭结构有哪些发现?

根据2000年的美国人口普查,由2.736 0亿人组成了105 480 101个家庭。另外的780万人居住在集体环境中,比如群居之家、监狱或者大学宿舍里。如下表所示,尽管已婚夫妻占主导地位,但美国人的家庭结构却相当多元。第二个最常见的家庭结构是独自一人生活的单身家庭。

2000年美国人口普查关于家庭结构的普查结果

家庭结构类型	所占百分比
单身家庭	25.8
三代同堂的家庭	3.7
已婚家庭	51.7
已婚且与子女共同生活的家庭	23.5
单亲且与子女共同生活的家庭	9.3
单身母亲且与子女共同生活的家庭	7.2
单身父亲且与子女共同生活的家庭	2.1
未婚同居家庭	5.2
异性同居家庭	4.6
同性同居家庭	0.6

▶ 为什么一个家庭就是一个系统?

系统是由相互作用的各个部分组成的整体。尽管家庭是由家庭成员中的个体构成的(比如妈妈、爸爸和孩子),但是家庭的本质却是由成员间的相互作用决定的。家庭成员间相互作用的形式形成了家庭系统的结构。家庭也是由子系统构成的,比如兄弟姐妹们或父母。由于家庭是一个系统,因此家庭中的每个成员都不能被看成独立的个体。如果某一部分被改变,那么其他部分也会随之变化。此外,系统的某一部分的活动会反映出系统的其他部分的活动,比如,孩子可能会在学校做些发泄情绪的事情,目的是迫使他们关系彼此疏远的父母联合起来一起管教他们。

▶ 家庭中的界限是指什么？

萨尔瓦多·米纽庆（Salvador Minuchin）是家庭治疗理论的先驱者之一。他创立了结构性家庭治疗学派。在这一学派的理论中，米纽庆强调了界限的重要性。所谓界限，是指在不同的家庭成员或家庭子系统之间所标志的影响力、信息和决定力的界限。例如，在父母和孩子之间就需要有清晰的界限。孩子不需要了解父母的性生活，也不需要知道家庭的财政状况。此外，他们也不应该对父母的婚姻产生过度的影响。

▶ 死板的家庭成员关系与灵活的家庭成员关系有何区别？

家庭成员间的关系应该既稳定又相互影响。如果成员间的关系过于僵硬或死板，那么家人之间的关系就会缺乏沟通和相互间的影响，进而导致专制或决断的家庭系统。但如果成员间的相互影响过于灵活，成员的个人隐私就得不到足够的尊重，自己的决定也会受到家人过分干涉，形成纠缠型家庭系统。成员间最好的相处模式就是既相互交流又有一定的分寸，比如，家长应该倾听孩子们的意见和喜好，然后再做出最后的决定。

▶ 亲子关系具有怎样的重要性？

有子女的家庭中最重要的成员关系就是亲子关系。如果两代人之间的关系过于灵活，那么孩子就会知道太多的事情，拥有太多的权力，他们尚不成熟的想法要求会过度地影响父母的决定，甚至是父母的婚姻。这不仅使家庭由于子女难以管教而不能协调运作，而且也会使子女感觉缺乏安全感和得不到保护。当两代人之间的关系过于死板，子女对父母的决定就起不到任何作用。子女会感觉受到父母的严格控制或感觉自己不重要。最理想的情况是，两代人之间应该既相互交流又保持一定的距离。然而，这只是理想情况，很难成为现实。合理把握亲子之间相互交流的融洽程度绝不是一件轻松的事。家长不应该总是按照自己的想法去解决问题，而是应该努力保持两代人之间比较舒适的距离。

▶ 什么是家庭成员间的三角关系?

这一概念的提出与另一位家庭治疗的先驱者马瑞·鲍文（Murray Bowen）有关。在家庭成员间的三角关系中，两个人也许会引入第三方来扩散他们之间的紧张情绪。比如，家长在和另一半吵架的时候会和孩子结盟。当家长把孩子作为第三方带入他们的婚姻关系时，就违反了两代人之间的界限，子女因此会承担过度的压力。

▶ 家庭与外部世界之间的关系是如何定义的?

在家庭中，不仅在不同的家庭成员或子系统之间存在着界限（内部界限），在成员与外部世界之间也存在着界限（外部界限）。这种外部界限涉及对家庭之外的其他人产生影响的程度、所投入的时间和信息等。比如，除直系亲属以外，就没有太多人际交往的家庭属于外部界限过于严格的家庭。而那些经常有人前来拜访或者受到非家庭成员过度影响的家庭所具有的外部界限就过于灵活。最佳状态是家庭成员既要与外部世界有接触，又要把握一定的度，以便获得外部世界所带来的积极影响，同时还能够清楚地区分家庭成员与非家庭成员的身份。

▶ 家庭动力学是怎样解决婚姻问题的?

家庭常被看作是一个完整系统，每个子系统出现问题，都会影响到家庭的整体运转。在典型的核心家庭中，婚姻关系子系统比其他子系统重要。米纽庆着力于研究家庭成员间权力等级的排序关系。有子女的家庭，父母一定是位于这个权力等级的最顶端，是整个家庭系统中的掌权者。父母之间出现问题会影响到家庭系统内部的一切运作。比如：父母的婚姻出现问题会导致子女的行为出现问题。当然，如果父母的关系不融洽，那么整个家庭关系也会受到极大影响。

▶ 大家庭的生活有哪些优点和缺点?

大多数有子女的家庭都与爷爷、奶奶、叔叔和姑姑有频繁的接触，这种接触的好处很多，当然也有潜在的弊端。首先，其中一个重要的好处是家庭成员有了

在大家庭中，家庭成员共同养育孩子是一种极大的帮助，但是有时候也会带来一些矛盾。（图片来源：iStock 图像）

团体意识，形成较大的社会群体组织。其次，大家庭的成员会提供有益的帮助，比如经济、现实以及精神上的支持。很多家庭中妈妈在外工作，奶奶帮忙照顾孩子。第三，父母都有缺点。大家庭中的成员可以给孩子提供更多的角色榜样和成员关系的示范。例如，母亲总是会表现出爱心，但是也会表现出焦虑。此时家庭中的一位无忧无虑的叔伯会给孩子示范如何去处理压力。另一方面，大家庭的弊端显现在父母与家庭成员之间的矛盾冲突上，这时家庭中的是非界限就开始发挥作用了，即如何做到保持合适的亲密程度与适当的距离。为了做出最佳的调整，家庭成员之间必须齐心协力化解冲突，比如在做决定、个人隐私以及共处的时间等问题上澄清界限。

▶ 在子女成长过程中家庭动力学是如何变化的？

随着孩子的成长和发展，家庭动力学发生了巨大的变化。最初在孩子小的时候，父母掌控较多，权威也较大。孩子在没能独立生活之前，和家人在一起的时间较多。由于年轻的父母需要更多的帮助来照顾孩子，因此大家庭的生活在此时起到重要的作用。当孩子长大成人，有了独立的生存能力，父母对他们的约束就逐渐减少,家庭成员间的相互联系也越来越少,反而与外部世界的联系越来越多,此时父母也不太需要大家庭帮忙照顾孩子了。

最终,父母与成年子女之间建立了一种更为平等的关系,这种关系的建立有时会是一种极具挑战的转变。父母必须给予成年子女更多独立的空间,同时成年子女也必须承担起独自生活的责任。成年子女开始有了自己的家庭,他们的父母变成了祖父母,家庭关系也再次发生重组。家庭关系的最终重组是成年子女的父母晚年的时候,成年子女应该承担起照料自己年迈父母的更多责任。

▶ 单亲家庭中两代人的界限如何沟通?

20世纪60、70年代,当家庭治疗研究的先驱者研究家庭关系的时候,单亲家庭并不像现今这么普遍,因此当时的研究更多关注的是传统的核心家庭。然而现今,单亲家庭是家庭结构中一个重要的组成部分,所以我们需要考虑如何使家庭体系概念适用于这些家庭。在单亲家庭中,长子或长女与父亲或母亲间的两代人关系界限经常比较随意,他们可能被当作是单亲家长的助手。只要父亲或母亲仍然保持掌控力,长子或长女仍然保持孩子的角色而不是被塑造成父亲或母亲的另一半的角色,那么就可以采用这种做法。同样,孩子也不应该充当配偶的替代者的角色,承担满足父亲或母亲的情感需要的责任。

大家庭的成员很容易参与到单亲家庭的生活中,当然这对于单亲家庭来说是很大的精神支持,但同时也导致了单亲家长与帮助其抚养子女的自己的父母、兄弟姐妹在家人之间融洽程度的把握,家人的参与以及做决定的权力界限方面的争议。比如,单亲妈妈在抚养自己的孩子时能独立做出多少决定?有多少建议是她要听从自己的妈妈的?

离　　婚

▶ 最近几十年的离婚率发生了怎样的变化?

在我们之前的两代人中,离婚相当少见,甚至被认为是一种令人尴尬和耻

辱的事情。伴随着20世纪60—70年代发生的巨大社会变革,特别是妇女运动和性解放运动,人们对离婚的态度发生了极大的变化。离婚的社会耻辱感或多或少地消失了,离异家庭的子女也不再被刻上羞耻的烙印。20世纪70年代离婚率陡增,并在70年代末和80年代初达到峰值。到1990年,那时预测50%的婚姻都将以离婚而告终。尽管离婚率在过去的20年里有所回落,但离婚依旧是一种极其常见的现象。在2004年,40岁的人群中,有25.4%的男性和30%的女性处于离婚状态。

▶ **在过去的半个世纪中美国的离婚率发生了怎样的变化?**

下表列出了美国人口普查数据显示的美国30岁成年人的离婚百分率。请注意,离婚率是如何从20世纪60年代开始逐渐上升,直到80年代中期才稳步下降的。这一结果似乎应该与结婚率的下降分开来看。也就是说,我们不能简单地认为离婚率的下降是由于结婚率的下降而导致的。尽管美国30岁成年人的结婚率在同一时期处于平稳下降的状态,但离婚率却在结婚率下降之前就明显地达到了峰值。

美国30岁成年人的离婚率百分比(%)

年　代	男　性	女　性
1965—1969	7.3	11.5
1970—1974	11.6	14.0
1975—1979	16.2	20.8
1980—1984	16.0	21.6
1985—1989	15.0	20.4
1990—1994	13.3	19.9
1995—1999	12.9	17.4
2000—2004	10.7	14.1

▶ **导致离婚的最常见的因素有哪些?**

对是否发生离婚最强有力的预测因素之一是结婚年龄。根据1990年美国人口普查的数据显示，30岁之前结婚的夫妻比30岁或30岁之后结婚的夫妻更容易离婚。事实上，这是一种渐进的形式。20岁之前结婚的女性比20岁至24岁结婚的女性离婚率高，而20岁至24岁结婚的女性则比25岁到29岁结婚的女性离婚率高。结婚前是否已经怀孕或生了孩子也会对离婚率产生影响。相比之下，在结婚后怀孕或生孩子的夫妻更不易离婚。离婚的其他风险因素还包括经济不稳定，与大家庭成员的关系疏远或产生敌对心理，缺少正面的婚姻角色榜样等。

▶ 什么样的情感关系问题会导致离婚？

婚姻中缺少温情和爱以及不恰当的解决冲突的方式都增加了离婚的可能性。导致婚姻失败的并不是夫妻间冲突发生的次数，而是冲突的本质。正如我们在本书的婚姻部分中提过的那样，约翰·葛特曼在1993年对婚姻互动的研究中发现，如果夫妻表现出很高水平的防御、蔑视、抵制、批评和厌恶的表情，他们就很可能在几年内离婚。

▶ 离婚所带来的心理影响有哪些？

离婚注定会让人失去很多，会给人带来痛苦。人们离婚之后，不仅失去了婚姻——人生中最深刻最亲密的关系之一，还失去了曾经的婚姻生活。最重要的是，离异的父母无法与子女全天候共同生活。对子女的共同监护、抚养和探望的问题可能是离婚中人们面对的最有压力和最有分歧的问题。由于原来养活一个家庭的收入现在必须养活两个家庭，因此随之而来的经济压力也是一个问题。离婚后人们会失去他们曾经作为夫妻所共有的社交生活，也失去了自己的已婚身份或部分家庭生活。研究表明，在离婚人群中，特别是离婚的男性，更容易生病或感到抑郁，甚至可能选择自杀。

▶ 人们从离婚的状态中恢复过来需要多长时间？

对于大多数人来说，离婚之后的生活可以在几年之内基本恢复正常。人们会克服极度的悲痛，抑郁、敌意，同时悔恨的情绪也会渐渐消去。人们渐渐适应

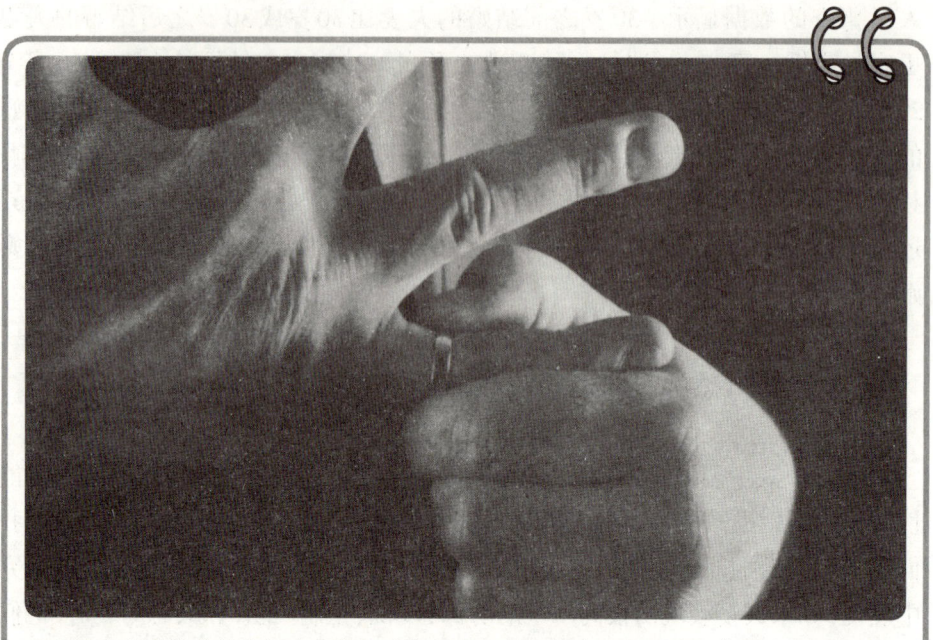
因离婚造成的情感创伤仅次于家人的离世。人们应该采取一些措施来减少由于婚姻的终结而造成的压力和情感上的痛苦。(图片来源：iStock 图像)

了轮流抚养子女的规律，建立新的恋爱关系。但是，离婚给人带来的敌对情绪和难以接受自己婚姻破裂的感受往往挥之不去，甚至会持续5—10年的时间。还有少部分人或许会在离婚10年之后还一直抱有强烈的负面情绪，比如愤怒、沮丧、悔恨等。

▶ 什么原因导致了既敌对又尖刻的离婚？

　　鉴于离婚本质上具有对抗性，离婚演化成一场敌对的战争的可能性很大。尽管有负面的情绪，但是能礼貌地解决离婚问题，这需要有极强的意志力。首先，夫妻由于对这段婚姻不满，他们中的一方或者双方会想要放弃这段婚姻。如果其中一方提出离婚，那么另一方则会有强烈的背叛和抛弃感。其次，夫妻双方还有财产和资金的分配问题。第三，如果夫妻有子女，那么围绕子女监护权的安排也会引发他们激烈的情绪。由于不能随时陪在子女身边，夫妻双方可能会感到不知所措。令人遗憾的是，夫妻双方经常出于对彼此的怨恨而就共同哺育子女的安排刁难对方。

▶ 怎样做才能适应离婚之后的生活?

一份明确的离婚协议的签署和子女监护权的妥善安排是适应离婚的关键一步。一些心理学家指出法律制度的对抗性本质加剧了离婚夫妇间的冲突。尽管如此,有必要对经济和子女监护权的争议提出一种硬性的解决办法。尽管有些人会对轮流照顾子女的安排有不同看法,但是一旦通过法律解决的办法起作用,他们的抵触情绪就会平息下来。一些离异夫妻在离婚后建立了友谊,但这似乎并不常见。最普遍的结果是一种相对和睦但是不太过于涉及感情的关系。这并不奇怪,与有子女的夫妻相比,没有子女的夫妻在离婚之后一般彼此很少联系。

▶ 如果冲突和敌对情绪一直存在会怎样?

一部分夫妻离婚之后仍然会产生冲突和敌意。通常,这种冲突与敌意体现在子女监护的问题上。然而,这种持续的敌对状态,特别会对孩子造成极大的心理影响与伤害。有时持续的敌对状态会导致无监护权的一方(通常是父亲)与子女之间脱离接触。彼此间与日俱增的敌对状态也使得双方过于牵涉彼此的生活。事实上,一些研究人员认为持续的冲突状态反映出离婚双方都无法接受婚姻破裂的事实,就好像即便是负面的接触也比不接触好。无论哪一种情况,不断的敌对状态对于所有受牵扯的人都是有害的。离婚的双方只有通过排除敌对情绪并通过更健康的方式解决冲突才会从中获益。

▶ 离婚对子女有怎样的影响?

离婚无疑会对子女产生极大的影响。离婚到底对子女有多大影响,不同的研究文献却有着不同的研究结果。子女和父母适应了新生活之后离婚的消极影响就会随之消失吗?还是离婚会造成长期的伤害?大量数据表明随着时间的流逝,单亲家庭的儿童和正常家庭的儿童在心理测验的结果上并没有太大区别。但是,也有数据表明父母离异后,孩子在情感和行为方面确实遇到了更多的障碍。因此弄清哪些因素对单亲家庭的儿童有保护作用,而哪些因素对其具有破

坏性作用是大有裨益的。

▶ 离婚的父母怎样才能最大限度地保护好孩子的情感？

完全地保护孩子免受离婚的消极影响不是件容易的事情。当家庭关系破裂时，孩子就失去了一个完整的家庭，因此必然会与其中的一方（或父或母）减少联系。通常孩子的生活会有很大的变化：可能会搬到一所新房子或转入一所新学校，也可能会有新的保姆来照顾生活。父母双方都在经历一段艰难的时期，因此很难完全保护孩子不受父母间各种问题的影响。然而，如果父母双方都能与子女保持亲密的关系，能控制住自己内心的愤怒和敌对情绪，合理安排子女的监护问题，那么大多数的孩子最终都会适应这种生活的。孩子需要爱、可预测的和稳定的环境以便健康地成长。如果父母双方都可以暂时把彼此间的复杂情绪放在一边，仍然努力为孩子提供一个安全稳定的生活环境，那么孩子才能得到最好的保护，不受离婚所带来的负面影响。

▶ 离婚中怎样的行为对孩子的伤害最大？

玛丽·怀特赛德（Mary Whiteside）和贝琪·简·贝克尔（Besty Jane Becker）在2000年的一篇论文中分析了有关离异子女的研究文献。他们发现孩子的适应程度既会受到自己和父母之间关系的影响，同时也会受到父母之间关系的影响。比如，积极的父子关系和母亲的温暖关爱影响到孩子未来的幸福。然而，父母间合作或敌对的程度也会影响孩子的情感的适应。此外，父母间的关系也会影响他们对待子女的行为。总而言之，离异父母之间的敌对、不合作的关系会对孩子造成长期的破坏性影响。

▶ 离婚的父母经常会犯哪些错误？

尽管大部分的父母都会首先从孩子的利益出发考虑自己的行为，但在离婚的激烈过程中，很多父母的表现往往违背了他们的想法。基于临床和研究文献，下表列出了一些不应该发生的行为。总体来说，不要把自己的孩子作为第三方卷入你和前夫或前妻的战争中。

离婚期间有关子女养育常见的错误做法

不应该出现的行为	举　　例
在孩子面前贬低你的前夫或前妻	"你爸是个自私的混蛋。"
在和另一方的争执中收买自己的孩子	花大笔的钱试图赢得孩子远离另一方
从孩子口中诈取对方的消息	"她还在跟那个男的约会吗？" "他多长时间来一次？"
利用孩子来惩罚前夫或前妻	由于对另一方的怨恨而不支付抚养子女的费用
逼迫孩子在你们两人中做选择	"圣诞节你宁愿不和我过吗？"
把孩子对于对方的感情与自己对于前夫或前妻的感情相混淆	"乔伊似乎再也不想见他爸了，所以我也不送他去了。"

▶ 为了孩子而在一起生活有多重要？

　　大部分的研究表明，当父母的婚姻关系极度不可调和，或者出现家庭暴力、严重酗酒等行为的时候，受离婚影响最大的是孩子。并非所有的婚姻都值得挽救。然而，鉴于1990年离婚率已经高达50%左右的峰值状态，我们可以合理地推测如果父母双方都更加努力地去解决问题，在最艰难的时候坚持住，那么很多婚姻应该是可以挽救的。因为离婚的负面影响对成人和儿童都很明显，因此绝不能轻易决定离婚。夫妻双方应该努力挽救自己的婚姻，找到解决矛盾的方法，如有必要还应该进行婚姻问题的咨询。然而，这些努力也未必就能获得成功，有些夫妻可能不管怎样都会选择结束这段婚姻。如果双方决定离婚，那么他们在离婚过程中应尽量考虑周全，控制住自己的情绪。否则，极有可能对子女的情感造成不必要的伤害。

性

▶ 什么是性？

　　在对性进行科学探索之前，我们有必要先阐明这一术语的含义。在本书中，

这一术语的含义相当广泛。性涉及与性唤起相关的所有的想法、感受以及行为。这包括性幻想、性取向、性唤起相关的生理学以及实际的性行为。

▶ 什么是性科学？

性科学是对性和性行为进行研究的系统科学。尽管在19世纪有许多性科学的学派，其中最知名的有理查德·冯·卡拉夫特–艾冰（Richard von Krafft-Ebbing）、海夫洛克·埃利斯（Havelock Ellis）和西格蒙德·弗洛伊德（Sigmund Freud）。这些学者大多数都是内科医生，对疾病和病理学有相关研究。很多研究曾关注性变态，即性反常行为。直到20世纪中期，性科学才包含了对于正常性行为的较大范围的研究。很多人认为埃尔弗莱德·金赛（Alfred Kinsey）是20世纪对于正常的性行为进行大规模系统的实证研究的先驱。威廉姆·马斯特斯（William Masters）和弗吉尼亚·约翰逊（Virginia Johnson）在其之后利用了几十年的时间对性治疗进行了革命性的研究。他们的创新之处在于将行为治疗的基本理论应用于改善人们的性功能，并提高性生活的质量。当前的性科学研究者对常态和非常态的性行为、性欲望以及性吸引的各种模式都进行了研究，阐述了生理、心理、家庭成员间以及社会方面的各种因素对性健康产生的影响。

大多数人认为埃尔弗莱德·金赛是20世纪常态性研究领域中进行系统和实证研究的先驱。[图片来源：美联社/WideWorld图片库（AP/WideWorld）]

▶ 为什么人们谈论性的话题时难以启齿？

性是所有生命共有的一种属性，而且也是物种生存所必不可少的部分。然而，性确实是一个很难讨论又很容易产生分歧的话题。很多人认为，科学上关于性的研究远远落后于其他许多领域中对于人类行为的研究。我们确实了解性行为与激情有关,人们往往会因此放弃日常生活中的许多约束。由于性冲动的强烈作用,人们往往会打破基本的社会准则,背叛重要的夫妻关系。很可能正是由于这个原因,所有的社会都对性行为有着法律上的约束。文化、宗教和道德上的法规都清楚地阐明了何时、何地以及怎样的性行为才是为社会所接受的。违反性行为的社会规范将导致严重的后果,在一些文化中甚至会招致杀身之祸。很可能是由于性在进化方面的重要作用才使得大多数人对这一话题有强烈的情感反应。也就是说,由于性是人类进化生存的核心,因此人们对于性的话题有很强烈的感受。

▶ 埃尔弗莱德·金赛是谁?

埃尔弗莱德·金赛是20世纪性科学研究的先驱之一。他出生在一个虔诚的卫理公会教徒家庭,他的父亲极其严厉甚至有些专横。金赛希望能够把笼罩在性这一话题上的神秘面纱摘去,消除人们对它的非议,让它堂堂正正地成为科学探索的一个领域。他的这一追求与自己的童年经历有着部分的联系。最初,作为一名昆虫学的学生,他开始了自己的职业追求。在对成千上万种昆虫进行分类时,他对于细节的专注引领他一步一步走向了性科学的研究。1947年,他创立了以自己的名字命名的"性、性别与生殖研究所",这个研究所至今仍然存在。2004年,由比尔·科登(Bill Condon)创作并导演的电影《金赛》,描述了这位颇有影响力的人物的个人生活和职业追求间戏剧性的关联和相互影响。

▶ 健康的夫妻关系中性的作用有多大?

大部分性科学研究者一致认为健康的、令人愉悦的性生活对于夫妻关系非常重要。同时,性行为对于夫妻双方身体和精神健康也有促进作用。然而,性生活的重要性并非所有的夫妻都一致。一些夫妻虽然性生活不太频繁,但是他们却能保持亲密、令人愉悦的关系。对于其他许多夫妻而言,性生活是两人关系中的重要部分,性生活的缺失会导致出现情感问题或者成为他们情感问题的一种表现。另外,我们也要知道,随着年龄的增长,性生活会逐渐减少,尤其是人到中

年之后。正是由于这种原因,老年夫妇对于性生活的需要远远不及年轻人。然而,一些老年夫妇觉得性生活的满足仍然很重要。随着老龄人口的逐渐增加,以及更多的老年人在身体和精神方面仍然保持着活力,老年性学的话题将会得到越来越多的关注。

▶ 关于性,男女之间有差别吗?

在20世纪60、70年代,威廉姆·马斯特斯和弗吉尼亚·约翰逊对于人类性行为进行了开创性研究,认为性反应对男女所起的作用是相同的。所有人都会经历性唤起的4个阶段:兴奋、维持、高潮和消退。但最近的研究表明,男女之间在他们各自的性本质上有着极大的区别。与女性相比,男性往往有更频繁的自慰,看更多的色情图片,对于视觉刺激更容易产生性反应,并更自发地产生性欲望。而女性则很少自发地出现性唤起状态,她们的性欲望对于周围的环境反应更敏感。例如,女性和一个有可能发生性关系的男子之间的感情状态将会更大地影响她的性吸引感受。在这个方面,科学证明了这一传统的观点,即女性在约会时喜欢享受美酒佳肴,而男性喜欢女性性感的穿着。

▶ 罗伊·鲍迈斯特关于性的性别差异提出了哪些观点?

在2000年的一篇论文中,罗伊·鲍迈斯特(Roy Baumeister)提出性在男女之间存在着本质的差异。他认为男性拥有一种固定的、由生物基础决定的、不易受环境影响的性冲动。而女性则不同,她们的性冲动是比较多变的,易受环境的影响。他的这些结论是基于一系列广泛的实证研究发现的。根据这项研究,女性在性行为和性选择两个方面随着时间的不同会有很大的差异。此外,女性的性行为更易受到文化因素的影响,比如教育、宗教、同伴和父母的态度等。

▶ 关于性生活,女性最常见的问题有哪些?

临床性学家最常遇到的人们关于性生活的困扰包括性唤起障碍、性冷淡、性交时疼痛感以及缺乏性高潮。这些问题很常见,也未必彼此没有关联。有趣的是,许多研究表明女性的生理反应(例如生殖器充血、阴道润滑)或许不会引起她们性唤起的感觉。尽管一些生理反应会很容易产生，但是有意识的性兴奋往往与女性的情感状态紧密相关。压抑、焦虑以及情感上的距离感都会对她们的性欲望产生抑制作用，而放松、亲密的感觉则会提高她们的性欲望。这些消极的情感可能是由于一时的原因造成的，也有可能是长期的与性相关的情感问题导致的。

▶ 关于性生活，男性最常见的问题有哪些？

男性在性生活中最常遇到的问题包括勃起功能障碍、早泄以及延迟射精。男性也经常遇到性欲低下的问题。勃起功能障碍和延迟射精的问题会随着年龄的增长逐渐增多，其原因很可能是与衰老所带来的体内睾酮水平的降低有关。另外，随着年龄的增长，性欲望也会逐渐减少。但只要夫妻双方对于性生活都感到满意，这并不会带来矛盾。身体状况，比如心脏病或者糖尿病等，也会影响男性的正常的性功能。这些状况会随着年龄的增长愈加频繁地出现，但也会受到与身体健康不相关的一些

对于许多夫妻而言，性生活是两人关系中的重要部分，而性生活的缺失会导致情感问题，或者显示出夫妻的情感出现了问题。(图片来源：iStock 图像)

行为的影响，比如酗酒、吸烟、饮食和锻炼等。同时，情感因素也起着重要的作用，包括抑郁、压力以及感情问题等。一些源于童年时期的关于性行为方面的深层次问题，往往使性功能问题更加复杂。

▶ 焦虑对于性功能有怎样的影响？

有明显的证据表明，对于性行为和性经历的焦虑对性功能有着即时、深刻的影响。许多研究表明，女性的性兴奋和性快乐与放松的感受有着紧密的关系。而对阴道干涩、疼痛或对不敏感的担心都会使得她们的性欲瞬间消逝。同样，对

于男性来讲,对勃起功能障碍的担心可能会导致恶性循环:对于阳痿的焦虑使他们无法勃起,而无法勃起又使得他们更加焦虑。

▶ 条件反射对于性反应有何作用?

在联想性或经典性条件反射中,由于人们将能够引起同样反应的事物与某种情况联系到一起,因此人们往往学会以一种具体的方式对这一状况产生反应。例如,我们曾经因吃过变质的鸡肉而感到恶心,此后一旦想到吃鸡肉也就会觉得恶心。条件反射对于男女双方在性反应方面也起着同样重要的作用。对于失败、不适或反应不敏感的预想都会抑制性唤起,而对于快乐、兴奋的预想将会增强性唤起。这就是经典性条件反射技术应用于临床性治疗的原因。临床性学家试图通过自己的努力打破患者在性行为和压力、焦虑、不适之间的联想,他们的目的在于用快乐、满足、亲密的感觉去替代那些消极的情绪。

▶ 在性反应中激素起着怎样的作用?

大量证据表明,男性激素、睾酮在性唤起方面起着重要的作用。与女性相比,睾酮对于男性的性功能的作用更加重要。而女性的性功能则主要依靠雌激素的作用来增加阴道的润滑度和伸缩性。在更年期之后,女性体内雌激素的水平显著下降,使得阴道干燥甚至有时在性交过程中出现疼痛感。激素替代疗法能够增加雌激素的水平,虽然长期使用会有安全风险,但是确实能够缓解上述症状。

▶ 性交流有多重要?

大多数临床性学家认为性交流具有极其重要的作用,而很多夫妻间的性交流有时贫乏得令人吃惊。很多人会觉得自己的性需求和性喜好不应该清楚地表达出来,因此他们羞于直接进行这方面的交流。一些女性对于直接表达自己的性欲望感到尴尬,害怕自己表现得不够体面。同样,缺少性交流的话,男性对于如何取悦女性也感到相当的困难。增加夫妻间的性交流将会是提高夫妻性生活质量的既有效又简单的方法。

▶ 对于性生活障碍有哪些最有效的治疗手段？

自1998年"枸橼酸西地那非"（即"伟哥"）问世以来，通过医学方法治疗性生活障碍更加广为人知。"伟哥"是通过增强男性生殖器的血液流动来改善勃起功能。这一作用是通过一种名叫5型磷酸二酯酶的化学物质得以实现的。另外，还有其他几种类似的药物也起到同样的作用。但令人遗憾的是，尚没有研究出适合女性的这类药物。早泄可以通过选择5-羟色胺重摄取抑制剂得以治疗，它是一类抗抑郁药，能够改善血清张力素系统［例如氟西汀（俗名"百忧解"）或者氟苯哌苯醚（俗名"帕罗西汀"）］。激素治疗法可以增加体内睾酮或雌激素的水平，曾被尝试用于临床，但其效果并不显著，并且容易产生副作用。然而，对于性功能障碍的治疗，心理障碍才是关键，比如患者对于性行为的态度以及他们的身体形象、脆弱的感情和对性行为的焦虑等。夫妻间的障碍也是极其重要的，比如感情上的距离、不畅的交流、未得到妥善解决的矛盾以及对于彼此双方在性需求方面的误解等。

▶ 什么是性感集中训练法？

性感集中训练法是一项用于缓解由压力和焦虑所引起的性功能障碍的具体的行为技能。为了帮助人们放松并试着学会享受性快感，往往会禁止人们进行真正的性交活动。这种方法能够减轻人们的压力，同时能够缓解人们因焦虑或因不快产生的恐惧心理。治疗期间，夫妻双方只准许享受触觉带来的性快感而不准性交，直到双方完全放松为止。之后，他们逐渐增加性接触，渐渐尝试性交。通过这样的方法，一些消极的联想就会逐渐消逝，积极联想则渐渐形成。这一技术已被广泛应用于治疗性功能障碍，并取得了很大的成功。

▶ 不同文化之间对于性的价值观有怎样的不同？

不同文化对于性有着不同的态度。有些文化特别重视肉体上的快感，但是对性行为的场合有着严格的约束。例如，穆斯林文化中的很多方面都强调

感官上的享受，但是正统的伊斯兰人对于性别的区分非常明确，女性在公开场合必须包裹好自己的身体。同样，在正统的犹太教中，女性在公开场合必须遮挡自己的头发，不相关的男女不能握手，并在这一文化中妻子要感谢丈夫与自己做爱。而在其他一些文化中，关于性的各个方面也都比较严格，认为性交是一种堕落的行为，充满了罪恶。圣奥古斯丁（St. Augustine）是一名早期的基督教神学家，他曾通过书面的形式表达过对肉体上的欲望的极度厌恶。同样，埃尔弗莱德·金赛由于童年时期经历了基督教对于性的极度压抑才走上了研究性科学的道路。相反，其他一些文化对于性的表达则比较开放。在很多古老的文化中，性行为都被整合到很多宗教仪式上。男性生殖器游行通常用于对古希腊神话中葡萄酒之神狄俄尼索斯的崇拜仪式中。在游行过程中，人们会扛着一个巨大的男性生殖器雕塑。在日本和其他国家的文化中也能找到类似的游行仪式。这些仪式作为庆祝生育的一种方式，在早期的农业社会很常见。

▶ 关于女性性行为的态度，不同文化有哪些不同的态度？

正如对待性的态度一样，对于女性性行为的态度也随着文化的不同而有所不同。一些文化中对于女性性行为的控制非常常见，从某些社会准则中的"会等到结婚之后的好女孩"（在20世纪60年代的美国非常常见），到阴蒂切除术和名节处死都可见一番。阴蒂切除术存在于非洲和中东的一些地区，指的是将女性生殖器中大量神经末端所在的阴蒂部分切除掉，而切除阴蒂将会极大地减少女性的性快感。而名节处死则是指无论女性自愿参与性行为与否，只要因不当性行为令家族蒙羞，就都会被处以死刑。

▶ 对女性性行为的控制有进化方面的作用吗？

对于女性性行为的普遍控制能够起到某种进化方面的作用，确保下一代的父亲身份明确。虽然女性能够绝对保证孩子是自己的，但是，男性并不能百分之百地保证孩子的父亲就是自己。因此，对女性性行为的控制才能够让男性对孩子的身份充分确定。人类的此种行为与草原田鼠和很多其他物种的交配保护行为非常类似。

关于性行为及其禁忌，不同的文化有哪些不同？

　　虽然在不同的国家和文化中，人们对性行为都有着一些法律条款的约束，但是，他们对于性和性开放的态度却大相径庭。例如，生活中人们能将身体裸露到何种程度可为社会所接受是非常不同的。在美国，法律禁止女性裸露自己的胸部和下体的私密部位。相比之下，很多欧洲国家的女性则经常在阳光浴的时候裸露着上身。对于正统的犹太教徒来讲，已婚女性在公共场合必须裹好自己的头发，以避免激发其他一些男性的性欲望。伊斯兰教国家也有同样的习俗，女性在公众场所必须遮挡起自己的头发以及身体的绝大部分。

　　对于同性恋这一现象，不同文化也有着不同的态度。在很多国家，同性恋被认为是有罪的，违背社会道德。而在另一些国家，同性恋则被认为是一种人生的成长过程。在古希腊以及巴布亚新几内亚的桑巴部落中，男孩之间或成年男子之间的同性恋关系被认为是一种正常的成长。在今天的美国，这一话题仍然颇具争议。一些人认为同性恋是人类一种正常的性取向，而另一些人仍然觉得在宗教和道德上同性恋行为应该是被排斥的。

在维多利亚时代的英国，有哪些性方面的委婉语？

　　在维多利亚时代的英国，公开谈论与性有关的事物是绝对禁止的，因此出现了很多这方面的委婉说法。其中最具代表性的就是"鸡胸"（chicken breast）要被称作"白肉"（white meat），而钢琴腿的"腿"也不能用"leg"表达，只能用"limb"。［译者注："breast"（胸/乳房）和"leg"（腿）两个词在当时被认为是与性有关的不雅之词。］

▶ **在过去的几十年中，西方工业化社会中的性价值观发生了怎样的变化？**

自从20世纪60年代末期以来，西方工业化社会经历了诸多文化方面的变迁，其中人们对于性这一敏感话题的态度有了极大的变化。总体来说，人们对于性的态度变得更加开放、放松和自由。曾一度被视为难以启齿或遭人唾弃的婚前性行为、自慰、同性恋以及性用品等都早已成为人们司空见惯的事情。同样，对于性的公开谈论也不再是禁忌。如今，治疗男性性功能障碍的广告在各类杂志中非常常见，电视上也经常展现很多性行为的镜头。对于很多"50后""60后"的人来说，似乎很难一下子接受这种道德标准方面的突然转变。或许20世纪50年代的一组电视镜头能够帮助我们理解这种转变到底有多大：在当时的电视节目中，如果出现夫妻在卧室睡觉的镜头，一定是两人分别睡在各自的单人床上。

性 取 向

▶ **什么是性取向？**

近年来，科学上对于性取向的研究大量增加，引起了很多关于性取向的本质、稳定性以及其存在的争论。本书将性取向定义为一个人在性吸引、性幻想和性行为上的特征模式的性别定位。考虑性行为的因素的同时还考虑性吸引和性幻想是极其重要的，因为外界的限制对于人的行为的影响比对内在的心理因素的影响更直接。比如，监狱中的男性囚犯因为在狱中接触不到女性，尽管他们之前是异性恋，但是他们非常可能与男性发生性行为。同样，对于同性恋来说，尽管他们对同性有着性欲望和性幻想，但是也可能会因为社会环境的压力而选择异性婚姻。

▶ **性取向是一种绝对的分类还是一种连续体？**

科学研究中关于性取向是一种绝对的分类还是一种连续的过渡状态一直有争论。换句话说，我们能否简单地把人分成异性恋、同性恋和双性恋？还是人们都处在一个从"同性恋"到"异性恋"之间的过渡状态的某一个点上？尽管有相当多的证据能够证明人们并不会是绝对地属于哪一类，并且很多人对于男女都或多或少的会有喜欢的感觉、想法和行为，但是也有很多别的证据证明大部分人是只属于同性恋群体或者异性恋群体的。然而，最近的一些研究表明，相对女性而言，男性中同性恋和异性恋的区分似乎更加清晰。

与女性相比，性取向对于男性来说似乎更加清晰，因为男性往往要么是同性恋，要么是异性恋，而女性则经常介于两者之间不好分辨。（图片来源：iStock 图像）

▶ 什么是金赛量表？

埃尔弗莱德·金赛认为性取向是一种连续体。他在1948年开发出一份性取向量表，至今仍在为人们所用。这是一个7点量表，其中，0代表"绝对是异性恋"，6代表"绝对是同性恋"。2000年，一项由斯蒂芬·康格斯特（Steven Gangestad）、迈克尔·贝利（Michael Bailey）和尼古拉斯·马丁（Nicholas Martin）所做的基于4 506名测试者参与的研究发现：有5%的男性和近3%的女性在金赛量表上的得分在3分或者3分以上，大约9%的男性和19%的女性得分为1分或者2分，而其余85%的男性和78%的女性为0分，即"完全是异性恋"。

▶ 2000年对于男女性取向的一项研究有哪些发现？

下表中的数据来自2000年斯蒂芬·康格斯特及其同事所共同完成的一项研究，共有1 759名男性和2 747名女性在金赛性取向量表上做了评分。正如我们所看到的，相当多的测试者的得分体现出他们是绝对的异性恋，但15%的男性和22%的女性则具有同性恋倾向。总的说来，男性在量表两端的趋势更明

显，而女性则在量表的中间部分更明显。

金赛量表得分分布

分　数*	男性人数	百分比	女性人数	百分比
0	1 502	85.0	2 142	78.0
1	136	7.7	451	16.0
2	31	1.8	75	2.7
3	12	0.7	33	1.2
4	12	0.7	16	0.6
5	20	1.0	15	0.5
6	46	2.6	15	0.5
总　计	1 759		2 747	

* 0代表"绝对是异性恋"，6代表"绝对是同性恋"。

▶ 同性恋的普遍程度有多少？

　　对于同性恋的普遍程度的估计值随着同性恋界定标准的不同而有所变化，但大概范围是在3%—13%之间。有过同性性行为的人的数量很有可能比受同性吸引或对同性抱有幻想的人的数量少得多。1995年，一项由兰德尔·赛尔（Randall Sell）、詹姆斯·威尔斯（James Wells）和大卫·怀皮斯（David Wypij）所进行的研究发现，在过去的5年时间里，美国、英国和法国有3%的女性和5%—11%的男性发生过同性性行为；有8%的男性和10%的女性在15岁之后有过受到同性吸引的经历，但没有发生性行为。将同性吸引和同性性行为结果加以整合，我们发现，男女中大约有18%的人在15岁之后有过受到同性吸引的经历或者发生过同性性行为。

▶ 同性恋的原因有哪些？

　　对于同性恋的原因人们有着各种争论，这一点并不令人意外。部分原因是这一现象本身就非常复杂，另一部分原因在于这一问题有着政治意义。至少对于一些人来说，同性恋行为是有着相当多的生物学基础的。同性恋的三种生物模型都考虑到了胎儿出生前的荷尔蒙、对大脑的解剖分析以及基因的影响，同时也考虑了造成同性感受和同性行为的社会、心理及情境因素。

▶ 什么是同性恋的神经激素理论？

根据神经激素理论，胎儿时期受到的性激素的作用将会影响人们成人之后的性取向。这一说法的证据来自动物的研究。研究发现，当动物子宫中的胚胎处于雄激素为非正常水平（过高或者过低）的环境中时，幼崽成年后往往会出现异性的特征和行为。还有证据表明，在胎儿时期和刚刚出生之后受到很高水平的雄激素影响的女孩，往往会导致先天性肾上腺皮质增生。具有这种病症的女孩往往会具有很多典型的男性兴趣爱好，喜欢参与到男性的活动中，同性或双性性幻想与性行为的频率也有所增加。

▶ 同性恋的其他生物学理论有哪些？

有证据表明，男性同性恋者和男性异性恋者的大脑有着微妙区别。1991年，西蒙·勒威（Simon LeVay）所做的研究表明，人类控制荷尔蒙功能的下丘脑在男同性恋者和男异性恋者之间存在着差别，前者脑中的下丘脑或许小于后者。然而，他的研究遭到批评，因为研究中很多同性恋被试者的艾滋病病毒检查结果呈阳性。人类也通过对双胞胎的大量研究探索了同性恋者的基因组成。同卵双生和异卵双生的双胞胎之间性取向的一致性揭示出性取向遗传的可能性。如果同卵双生的双胞胎比异卵双生的双胞胎在性取向方面更加趋于一致，那么这就能说明基因起到了重要的作用（因为同卵双生的双胞胎的基因100%是相同的，而异卵双生的双胞胎只有50%的基因是相同的）。然而，这一证据也比较模糊。有些研究表明基因具有很大的作用，而另一些研究则表明基因没有作用。这很可能是因为基因对于同性恋倾向非常明显的人来说作用很大，而对于同性恋倾向不是很明显的人作用较小。

▶ 同性恋的非生物学原因有哪些？

由于不同的社会对同性恋的态度有着很大的不同，因此，我们可以认为这

种态度会对同性恋行为的普遍程度带来影响。尽管一些同性恋倾向很强的人不会受到社会道德规范的影响而改变自己，但是一些倾向并不很强的同性恋者则很有可能会受到更大的文化环境的影响，会根据社会所接受的观念而选择抑制自己的欲望还是按照自己的欲望行事。另外，是否有异性伴侣也会影响是否可能发生同性恋行为。在一些严格的性隔离环境中，比如监狱，同性恋行为是相当普遍的。

目前为止，我们讨论了社会因素对性行为的影响，而不是对感受、性幻想或性欲望的影响。最近的一些研究表明，女性相比男性来说，亲密感通常会给她们带来性吸引。在这种情况下，性欲望则会受到两人关系的亲密程度的影响。同样，在某些情况下，与异性成员的痛苦的、消极的关系可能会促使人们从异性恋转变为同性恋。

▶ 典型的性别特征行为与性取向有怎样的关系？

迈克尔·贝利和他的同事已经进行了一系列的研究来考查性别非遵从行为与性取向之间的关系。贝利所谓的性别非遵从行为指的是与异性有关的兴趣、活动、玩具甚至是身体的动作等（比如踢足球的女孩或者喜欢娃娃的男孩）。一系列的研究表明同性恋及双性恋男性和女性比异性恋者能回想起更多小时候发生过的性别非遵从行为。然而，这些回顾性研究可能由于被试者的回忆有选择性而存在偏颇。因此，我们更需要一些前瞻性研究。在这样的情况下，对于儿童时期家庭录像的研究支持了童年时期的性别非遵从行为与成年时期的同性恋倾向之间的联系。然而，需要指出的是，这些被试者受到了非常多的变量的干扰，而且也不是所有出现性别非遵从行为的儿童都长大成为同性恋者，同时也不是所有具有同性恋倾向的成人在童年时期都表现出了性别非遵从行为。

▶ 男女在性取向方面有差别吗？

对于女性性行为的大量研究表明，女性在性取向方面与男性存在着差别。男性的性取向似乎更容易分类，他们要么是同性恋，要么是异性恋。而女性则不然，她们似乎在性取向上更多变一些，不像男性那样被分成同性恋或者异性恋。这一结果也得到了基于金赛量表所做的一些研究，其结论是：与男性相比，女性在量表的中间部分更明显,而男性则在量表的两端更明显。

　　最新的颇具吸引力的一些研究关注了男女两性对于性感图片的生理反应,其研究结果对于上述理论提供了正面的论据。梅雷迪斯·奇弗斯(Meredith Chivers)、迈克尔·塞托(Michael Seto)和雷·布兰查德(Ray Blanchard)测量了被试者对于不同性感图片的生理反应。结果表明,大部分男性看到成年女性或男性的图片时会出现生理反应,而女性则会对更广范围的图片出现生理反应。事实上,女性对黑猩猩交配的场面有(较少的)生理反应。此外,女性的生理反应经常与她们的口头描述相反,也就是说,女性所说的她们产生的反应往往并不是她们真实的生理反应。

　　这些结果的发现印证了之前提到的女性的生理反应与她们有意识的情感体验有所差异的说法。同时也证明了鲍迈斯特的理论,即男性的性取向相对稳定、不变,而女性的性取向则相对容易发生改变,并且易受到环境因素的影响。

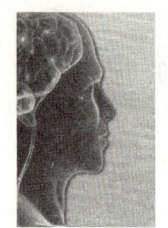

日常生活中的心理学：
幸福的动机和对幸福的追求

幸福心理学

▶ 为什么研究幸福？

从传统意义上来说，心理学研究一直致力于关注负面的情绪多于积极的情绪。也许是因为临床心理学起源于医学之故，传统心理学的研究集中在医治患者并帮助患者减少痛苦。虽然心理学的这些研究目标很难说清楚，但直到最近，其重点才转移到对幸福和积极情绪的研究上。为什么要研究幸福呢？如果我们所做的一切都是为了减轻悲伤和缓解抑郁，那么人生目标也就仅仅是避开痛苦而已。当然，我们都希望能从生活中获取更多的幸福和快乐。通过研究幸福和积极情绪，心理学能够帮助人们在自我实现与自我发展过程中改善自己的工作与生活。

▶ 什么是幸福？

我们应如何定义幸福呢？幸福可以定义为一种具有一贯积极情绪的心理状态。积极的情绪可以包括好奇、喜悦、满足、兴奋、兴趣或快乐。对生活的满意度也被划入许多有关幸福研究的范畴。大多数研究者感兴趣的是长期幸福的效果，或体验更具持续性的积极心态，而不是短暂幸福感所产生的即时效果。

▶ 幸福的功能是什么？

幸福的研究者认为，对我们来说积极的情绪信号意味着我们处于良好状态。比如，我们的需要得到了满足，我们拥有了充足的资源，并且已经达到了自己的目标。积极的情绪也能鼓励人们融入环境中，去寻求和接受新的目标。我们可以把积极情绪产生的效果与抑郁症或恐惧等这些负面情绪进行对比。负面情绪是在提示人们出现了问题，处于这样的环境中并不安全，最好的行动是撤离和回避。

▶ 幸福的强度有多重要？

积极情绪的持续性显然比其强度更重要。1991年，埃德·迪纳（Ed Diener）和他的同事们的研究表明，要评价人们的整体幸福感，他们拥有积极情绪的时间比例是一个较好的评判标准，甚至优于积极情绪强度的评判标准。换句话说，幸福的人大部分时间都会感受到轻微或适度的快乐，但他们的快乐感往往不会过于强烈。

▶ 我们如何衡量幸福？

因为幸福是一种主观状态，直接衡量幸福的唯一途径就是了解人们的感受。也许会有一些生理迹象表明人们处于积极情绪中，比如压力激素水平低。但是就幸福本身却没有客观的衡量方法。然而，使用自我报告衡量方法会产生一些问题。人们不是总能确切地了解自己的感受，或者他们可能根据对自身的看法或感受是否符合社会需要进行自我报告，这就使结果有所偏差。尽管如此，幸福的自我报告还是在大量研究的基础上获取了有意义的数据。研究者还对整体幸福感的评级（你通常很快乐吗？）和情感状态的时刻跟踪调查做了区分。第二种类的评级可使研究者能够将人们的情绪反应和人们当时进行的特定活动联系起来。

▶ 幸福的作用是什么？

很多事确实会使我们感到快乐（或不快乐），但是持续的积极心态本身会给我们带来很大的益处。让我们思考一下幸福的作用是什么。在2005年，索尼娅·柳博米尔斯基（Sonja Lyubomirsky）、劳拉·金（Laura King）和埃德·迪纳

发表了一篇有关积极心态和生活功能之间关系的元分析研究。他们发现通常快乐的人也会表现出顺应的心理特征,诸如乐观、面对挫折的复原能力以及追求目标的欲望。换句话说,幸福的人是乐观、有韧性的目标追求者。这些特征反过来会带来许多积极的成果,包括增长的人气、社交参与度、亲社会(有帮助的)行为、应对技巧,甚至是健康的身体。

▶ 幸福对健康有何影响?

什么能证明幸福有助于人的健康呢?所有针对这一问题的研究都被"先有鸡还是先有蛋"的问题所困扰。幸福和健康,究竟哪个排在第一位呢?

许多研究表明了幸福与健康之间的横向相关性。换句话说,每一点都显示出更快乐的人也就更健康。虽然这些研究显示出积极心态与身体健康之间有明确的关系,但我们却搞不清其先后顺序。然而,与横向研究不同,纵向研究能显示是否先有高水平的积极情绪才会产生身体健康这一结果。例如,最近一项对5 000人进行的研究预测,积极情绪水平高的人在5年后的住院率较低,6年后的中风发病率也较低。

▶ 幸福对社交生活有何影响?

"鸡与蛋"的问题也适用于幸福与社会关系的研究。许多横向研究显示了

▶ 什么是元分析?

元分析是一组不同研究的统计分析方法,是通过大量的文献来检验一个变量对另一个变量的影响——不仅仅是单项研究。例如,如果想检测幸福对于应对技巧的影响,我们可以就这一主题搜集的所有研究进行元分析,以便确定这种关系中的整体效果、规模。与个体研究中获得的数据相比,元分析可给我们提供更强大、更可靠的信息。

幸福与成功的友谊、婚姻及家庭关系的高度相关性。然而，纵向研究表明，幸福感的产生先于牢固的关系。换言之，快乐的人更有可能结婚，拥有成功的婚姻关系，甚至更多的朋友。例如，格莱·马克斯（Gary Marks）和妮可·弗莱明（Nicole Fleming）针对澳大利亚人进行了一项历时15年之久的研究，幸福量表得分高的人比其他人在随后的几年中更可能结婚。在德国和美国调查的样本也有相似的研究结果。此外，布鲁斯·哈迪（Bruce Headey）和鲁特·范荷文（Ruut Veenhoven）在1989年进行的一项研究表明，幸福的水平高低可预测出婚姻的质量。6年间的研究显示，幸福水平较高的人群更可能获得幸福的婚姻。

▶ 幸福对工作生活有何影响？

研究表明幸福同样也会影响我们的工作生活。这些研究大多都是横向研究，因此在任何时间内，积极心态程度高的人会比不快乐的人能找到更好的工作，获得较高的收入，拥有更加自主和有意义的工作。很显然，"鸡和蛋"的问题也与此相关。许多人（可能不是大多数）在生活中的某一时刻都有过不愉快工作经历带来的负面情绪。然而，纵向研究表明，在人生早期，积极情绪程度高的人多年后将会在职业和经济方面获得成功。例如，埃德·迪纳和同事在2002年进行的一项研究中发现，表现快乐的大学一年级学生与表现不开心的同学相比，16年后快乐的学生赚的钱更多。这一研究结果排除了这些学生的家庭收入状况。事实上，如果研究高收入家庭的学生的话，其效果尤为显著，可能是因为这些学生与低收入家庭的学生相比遇到的阻碍事业成功的因素较少，因此他们的情绪状态会起到更大的影响作用。

▶ 什么会使我们幸福或不幸福？

很显然，我们的心情不仅仅是我们自身个性功能的体现，我们也会根据具体的情况来认清自我并发掘自身决策的影响。何种事情会真正有助于维持幸福的持久性？又是何种事情无益于维持幸福的持久性？

与有关幸福益处方面的研究文献，即幸福对我们有什么作用相比，对什么使我们幸福的研究显得更为复杂。早期的幸福研究者对于我们对自己幸福的掌

控程度持有相当悲观的态度，认为我们几乎无法以任何一种持续的方式影响自己的幸福。然而，近来的研究者却持有更为乐观的看法，表明我们的活动和环境肯定会对幸福的总体程度产生影响。

▶ 什么是幸福设定值？

在20世纪70年代初，菲利普·布里克曼（Philip Brickman）和唐纳德·坎贝尔（Donald Campbell）提出了幸福设定值的概念。根据这种观点，我们幸福的总体程度是由遗传决定的，很大程度上不受生活事件的影响。虽然重大的生活事件可能会使我们的设定值忽高忽低，但这些影响只是暂时的，我们会在相对短的时间内回归到我们的基准线。虽然大多数幸福研究者有过这种极端的立场，但是大量的证据表明这一想法有其可贵之处。

根据幸福设定值理论，在我们恢复到正常情绪之前，物质财富只会暂时提高我们的幸福感。（图片来源：iStock 图像）

▶ 有哪些证据支持幸福设定值？

首先，一项针对双胞胎的研究表明，幸福等级有很大的遗传组成部分，我们的幸福程度至少部分地是预先设定好的。换句话说，拥有100%相同基因的同卵双胞胎比拥有50%相同基因的异卵双胞胎的幸福等级更相似。第二，外部条件几乎与幸福程度无关。例如，年龄、性别和收入这些人口学特征，已证明与生活满意度的相关性不大。即便是漂亮的外表也与幸福关联性不大。此外，一项针对遭受负面事件（例如，失去配偶或致残）影响的人群进行的研究表明，尽管幸福等级最初有所下降，但随着时间的推移，他们对于生活的满意度便显著恢复。同样，布里克曼与其同事在针对彩票中奖者的著名研究表明，彩票中奖者与其对照组的幸福等级几乎没有差别。

菲利普·布里克曼、丹·科茨（Dan Coates）和罗尼·雅诺夫-布尔曼（Ronnie Janoff-Bulman）在进行过一项著名的研究，他们将获得一大笔意外财富的人（彩票中奖者）与遭受巨大厄运的人（截瘫和四肢瘫痪的事故受害者）和他们的邻居进行了对比。研究结果证明了"幸福设定值"的看法。研究者发现彩票中奖者仅比他们的邻居略微开心些（在统计学上并不显著），而瘫痪的事故受害者与他们的邻居相比，不开心程度也并没相差太多。使用0—5分幸福等级量表，彩票中奖者的平均分数为4.00分，事故受害者为2.96分，邻居为

诸如彩票中奖这样突如其来的好运，会使我们更幸福吗？一项重要的研究推断：并没有多开心。（图片来源：iStock 图像）

3.82分。这三组人都认为他们将来会同样幸福，但是事故受害者这组与其他两组相比，他们还是相信过去更幸福。

▶ 什么是享乐跑步机？

"享乐跑步机"的概念与"幸福设定值"的概念密切相关。随着时间的推移，如果我们注定要回归到快乐的设定值，那么积极的生活事件仅能给我们暂时

> **邻居在物质上的成功在多大程度上会影响我们对于自己财物的满意度？**

很显然，在某种程度上金钱很重要，没有足够的金钱会产生负面的影响。但我们一定也会问究竟有多少钱才算足够呢？这可能是"社会性比较"在起作用。我们可能会对自己可爱的小房子很满意，但前提是我们的邻居和朋友也住在类似的房子里。然而，当他们搬到宽敞舒适的豪宅里，我们便会对自己的现状产生不满。"社会性比较"这一术语指的是通过与邻居的财物相比较，我们对自己的财物所做的评价。

的幸福提升。不断追求较高快乐境界的人可能会否认这一点，他们不断追求暂时的快乐就好像事实上它不是暂时存在一样。这就好像他们在跑步机上不断奔跑，自以为是在前进，而事实上却是原地不动。

当前对于幸福设定值有什么观点？

埃德·迪纳、理查德·卢卡斯（Richard Lucas）和克里斯蒂·纳帕·斯科隆（Christie Napa Scollon）在其2005年发表的论文中重新修改了"幸福设定值"的概念。他们认为，外部事件确实会影响我们的整体幸福感——我们不可能不受环境的影响。然而，随着时间的推移，无论环境的好坏，我们往往都能够适应。此外，在由理查德·卢卡斯于2007年进行的一项研究中发现，2组数量庞大的残疾人群体从残疾时开始，其生活满意度就明显下滑，而且没有随着时间的推移而恢复过来。

影响我们幸福总体程度的因素是什么？

近年来，幸福的研究者把研究的重点放在影响我们幸福总体程度的因素上。更具体地说,研究者研究遗传的作用、人口特征、人际关系、金钱、生活的态度以及控制感。

▶ 遗传在多大程度上促进我们的幸福程度?

2005年索尼娅·柳博米尔斯基、肯农·谢尔顿(Kennon Sheldon)和戴维·施卡德(David Schkade)发表的评论性文章指出,遗传在很大程度上(高达50%)影响我们幸福的总体程度。但是我们需要谨慎看待这一数据。大多数遗传研究使用的是在生活环境中不发生急剧变化的样本。当人们所处的环境十分相似时,遗传的影响便会凸显。当环境条件范围广泛时,遗传的作用就不那么重要了。大多数遗传学研究都不包括从各种环境中选取的样本,因此遗传的重要性可能被夸大。

▶ 生活环境在多大程度上促进幸福?

柳博米尔斯基和同事撰写的文献还表明,诸如收入、社会地位和人口特征(例如年龄、性别、种族)等生活环境对幸福的影响并没有我们期望的那么高,只占整体幸福分数的10%—20%。其他有关幸福的研究也有类似的概率。

▶ 人际关系对幸福有多重要?

支持性的社会关系在幸福中发挥着重要的作用,这是根据许多这两个领域的相关性研究得出的。也有大量文献证明了社会支持对我们的抗压能力、身体疾病以及我们总体幸福的强大影响。

▶ 态度会影响我们幸福的程度吗?

一些研究指出了我们生活方式的重要性,实际上就是我们的生活态度。柳博米尔斯基和同事提出,我们有40%的整体幸福取决于我们通过自己的想法、活动和目标来促进我们的幸福的积极尝试。这种观点与马丁·塞利格曼(Martin Seligman)的有关积极心理学的研究相呼应。

▶ 金钱可以使我们幸福吗？

　　一些研究表明高收入的人比低收入的人更幸福，但是其他研究指出金钱对幸福没有多大影响。温迪·约翰逊（Wendy Johnson）和罗伯特·克鲁格（Robert Krueger）在2006年进行的一项独创性研究为我们解答了这些问题。他们认为，经济来源的客观数量没有经济状况的主观认识重要。在对719对双胞胎的研究中，约翰逊和克鲁格发现，人们对其经济状况的认识——他们是否认为

 **冥想是否有益于健康和情感幸福？**

研究表明，冥想对情绪有积极的影响。（图片来源：iStock 图像）

　　大量的证据表明，幸福是由大脑的一个叫作左前额皮层的区域调节的。额叶皮层占据整个大脑外壳皮层的一半左右。前额叶皮层位于额叶皮层的最前部（或前部）。脑成像研究、脑电图研究，甚至中风影响研究都表明了左前额皮层在积极情绪中的作用。

　　理查德·戴维森（Richard Davidson）已经在这一领域进行了大量研究。2003年，他与约翰·兹恩（John Cabott Zinn）和其他同事进行了一项研究，将接受冥想技能培训的25个受试者与没有接受培训的对照组进行对比。研究显示冥想对积极情绪有着强烈的影响。与对照组相比，完成了8周冥想课程的受试者左侧额叶区的脑电活动显示出大幅度增加的迹象。此外，接受过冥想课程训练后，该受试组还对流感疫苗表现出较好的免疫反应。

自己有足够的金钱——与他们实际收入之间的关系不大。同样，与财富的主观认识相比，人们对生活的满意度与他们的实际财富没有多大关系。换句话说，人们对生活的满意度与他们实际上有多少钱没有太大关系，但是却与他们认为自己有多少钱有很大关系——即他们认为自己有足够的钱。

▶ 控制感是否重要？

在约翰逊和克鲁格的研究中，对生活的满意度也与人们认为对自己生活的掌控度有密切的关系。事实上，在所研究的12种因素中，对自己生活的掌控也是影响生活满意度的一个重要的因素。

积极心理学

▶ 什么是积极心理学？

积极心理学是由马丁·塞利格曼倡导的幸福研究的一个分支。在2000年，塞利格曼当选了美国心理学会会长，他建立了积极心理学，从那时起积极心理学领域引起了人们的关注。塞利格曼与以往的幸福研究者不同，他坚信人人都有能力提高自己的总体积极情感。他早期从事的习得无助感方面的开创性工作对抑郁症的认知行为疗法作出了贡献。因此，塞利格曼把心理治疗观点引入积极情感的研究中，研究心理学家如何帮助人们解决情绪问题。

▶ 为什么说积极心理学是从传统心理学上转变而来的？

虽然塞利格曼用他的技术对抑郁症患者进行了试验，但是积极心理学不同于传统心理疗法，它的重点是研究快乐和幸福而不是减轻痛苦和精神疾病。塞利格曼并不是第一个研究人类幸福潜能的人，他承认早期的作家，如卡尔·罗杰斯（Carl Rogers）、亚伯拉罕·马斯洛（Abraham Maslow）和埃里克·埃里克森（Erik Erikson）对他的研究有影响。

▶ 塞利格曼的幸福三要素是什么?

事实上,塞利格曼拒绝使用"幸福"这一术语,他认为这一术语意义含糊,缺乏科学性。他认为幸福或者"美好生活"有三个要素:积极情绪(愉快的生活)、参与(参与生活)和意义(有意义的生活)。

▶ 塞利格曼所谓的"愉快的生活"的含义是什么?

"愉快的生活"指的是关系到我们的现在、过去和未来的高程度的积极情绪经历。过去的积极情绪包括:满足感、成就感、满意度、平和感和骄傲感。未来的积极情绪包括:自信、乐观、希望、信念和信任。我们目前的积极情绪则包括从直接经验中体验乐趣的能力,也包括处理直接经验并不会被过去或未来事宜而分心的能力。有趣的是,"美好的生活"的这个方面似乎是最不重要的,因为它与人们生活满意度等级的相关度最低。

塞利格曼认为回馈社会是幸福的一个重要组成部分。(图片来源:iStock 图像)

▶ 塞利格曼所谓的"参与生活"的含义是什么?

"参与生活"包括投入和参与工作,建立亲密的关系和从事休闲活动的能力。在"参与生活"中,我们不是以自我为中心的孤立的个体,而是积极参与到我们周围的世界。塞利格曼认为,提高生活参与度包括确定标志性优势——自己特定的优势和兴趣——然后把它们加以利用。例如,对艺术感兴趣的人可以上绘画课,喜欢动物的人可以到动物收容所做志愿者。

▶ "有意义的生活"的含义是什么?

在"有意义的生活"中,人们利用自己的标志性优势追求更大的事业。这个事业具体是什么并不重要,可能包括政治、宗教、社区服务或家庭等,这么做,人们有一种属于某一较大团队、某一事业或机构的归属感,增强了自我价值感和对人生目标的认识。一系列的研究表明了这种奉献和生活满意度之间有相关性。有意义的生活的重要性揭示了这样一个道理:以自我为中心的生活目标最终所带来的生活满意度是有限的。

▶ 幸福的哪些方面最重要?

多项研究显示:虽然美好生活的三个方面都与整体幸福有关,但是与"愉快的生活"相比,"参与生活"和"有意义的生活"与生活的满意度有着很强的正相关关系,与抑郁有着很强的负相关关系。

▶ 塞利格曼的研究结果与其他有关幸福的研究有何一致性?

塞利格曼的研究结果表明,与"参与生活"和"有意义的生活"相比,"愉快的生活"对总体幸福感的预测度较低,这一发现有助于解释幸福感研究中的一些相互矛盾的发现。我们实现预期目标后感受到的喜悦很可能只是昙花一现,这与"享乐跑步机"的概念相一致,即从所实现的目标中获得的任何满足感必定只是暂时的。然而,我们参与生活的方式——无论是与他人有意义的交往还是满足我们个人发展的潜能——似乎都对我们的整体幸福感有相当大的影响。因

此，如果我们要提高我们的幸福感水平，我们就要认真考虑我们的生活方式，而不是仅仅着眼于追求快乐。

▶ 什么是美德？

假设幸福是由三个部分（上文提到的"愉快的生活"、"参与生活"和"有意义的生活"）组成，塞利格曼和他的同事认为，找出能够促进积极生活模式的人格特质是十分重要的。因此，他们确定了具有文化普遍性的6种美德。它们是：智慧和知识、勇气、人性（包括对他人的同情和关心）、正义、节制（自我控制能力）以及超然存在（找到连接更大宇宙的能力）。

▶ 什么是性格优势？

6种美德被分解为24种性格优势，它们包括：创造力、好奇心、开放思维、热爱知识和对智慧及知识的洞察力；真实性、勇敢、毅力和对勇气的渴望；善良、友爱和社交智力；公平性、领导才能和追求正义的团队精神；宽容、谦虚、谨慎和自律节制；欣赏美丽和优点的能力、感恩之心、希望、幽默和宗教上的超然存在。

▶ 塞利格曼研究中的美德和性格优势指什么？

塞利格曼和他的同事们进行研究调查这些概念的普遍性以及它们与生活满意度的相关程度。这项研究在40个不同的国家展开，调查人们评判其与24种性格优势的符合程度。每个国家的性格优势排名等级都很类似，人们最赞同的性格优势是善良、公平性、真实性、感恩之心和开放思维（"我差不多是这个样子的"）。不太赞同的性格优势包括：谨慎、谦虚和自律节制。研究者还指出，与智力特征（好奇心、热爱知识）相关的优势相比，有关情感特征（渴望、感恩之心、希望、友爱）的优势与生活满意度的相关性更强。

▶ 什么样的训练活动可以提高幸福感？

在2005年的一篇论文中，塞利格曼与特雷西·斯蒂恩（Tracy Steen）、南舒克·帕克（Nansook Park）和克里斯托弗·彼得森（Christopher Peterson）报告了一项研究成果，这是一项极为简单、划算的采用干预方法来增强幸福感的研究。这项研究是通过互联网进行的。该网站的访问者被邀请参加这项旨在提高人们幸福感的训练活动，并提醒一些访问者他们将被分配到安慰剂条件的治疗组。安慰剂条件经常与积极治疗条件相对。研究的参与者被指定进行为时仅一周的如下训练活动。在安慰剂条件下，受试者每晚必须记录下自己的早期回忆。

有5种治疗条件：写感谢信（受试者需要在一周内书写并寄给某人一封感谢信，而之前受试者从未对此人的帮助表示过感谢）；记录生活中3件美好的事情（受试者每天必须记录曾经发生过的3件美好的事情，并考虑发生这件事情的原因是什么）；回忆自己的最佳状态（受试者要记录下他们曾经感觉最佳状态的时间，确定他们那时具有的标志性优势，然后对一周中他们所记录的内容进行反思）；以全新的方式使用标志性优势（受试者必须确定他们的前5项性格优势，并在一周内每天以一种全新的方式使用它们）；确定标志性优势（受试者必须确定他们的前5项标志性优势，并在接下来一周的时间内经常使用它们）。

研究发现，在训练活动刚刚完成之后，包括安慰剂条件在内的所有条件都能够提高幸福指数并降低抑郁指数。一周后，进行安慰剂条件治疗的受试者的幸福指数回到了基本线，并且在接下来的6个月保持不变。"回忆自己的最佳状态"和"确定标志性优势"的效果也会在训练活动结束后一周内消失。"写感谢信"的效果时间略长，大约持续了1个月。值得注意的是，"记录生活中3件美好的事情"和"以全新的方式使用标志性优势"的干预持续了整整6个月的研究期。情况似乎是提高了幸福指数，没有发生改变是因为这些人在6个月内持续进行了这种训练活动。

▶ 什么是积极心理治疗？

在2006年的研究中，塞利格曼、塔亚布·拉希德（Taayab Rashid）和阿卡什·帕克（Acacia Parks）报道了他们更加正式的积极心理治疗研究结果。他们把先前在互联网上进行的研究训练活动应用到更加广泛的心理治疗中。第一项研究包括40个患有轻度至中度抑郁症的本科生。其中的19个学生进行为

期6周、每周2个小时的群体心理治疗,其他21人组成一个不接受治疗的对照组。治疗包括一套6项的训练活动,与早期互联网上进行的训练活动相类似。研究的最后一段时间着重于如何维持治疗效果以及研究结束后如何继续训练活动。

统计分析表明:积极心理治疗组的学生比对照组的抑郁指数低、生活满意指数高,并且这一结果在治疗结束后至少持续1年。第二项研究是对接受个人治疗的较严重的抑郁症患者与接受常规治疗(有药物或无药物的心理治疗)的抑郁症患者的比较。个人治疗利用了早期两项研究的许多相同技术,但是改造了干预方法以处理更严重的抑郁症。最多经过12周后,积极心理治疗的患者比接受常规治疗的患者显示出更大的进步,抑郁状况得以减少,积极情绪得以增强。

不同文化的幸福

▶ **我们如何比较不同文化的幸福?**

有越来越多的文献关于从国际的视角研究幸福。研究不同国家的幸福有益于公共政策的策划,找出提高幸福感的社会和政治因素。其他的幸福研究衡量主观幸福感的最佳方法是直接询问他人:"你有多快乐?"幸福研究者还询问人们对生活的满意度。

▶ **不同文化的幸福研究存在哪些问题?**

不同文化的幸福研究主要存在两个问题。首先,在理解幸福含义方面的潜在文化差异。其次,与研究对象的选择有关。选自于每个国家的样本应该代表整个国家的人口。例如,如果样本太偏重受教育的城市居民——他们比没受教育的农村居民更可能接受调查——那么幸福等级可能无法准确地反映出该国家的人口特征。然而,不同文化的幸福研究者意识到了这一点,所以他们在研究设计中说明了这些问题。

▶ 什么是世界幸福数据库？

鲁特·范荷文（Ruut Veenhoven）是荷兰的社会学家，自20世纪80年代起他进行了不同文化的幸福研究。在他的世界幸福数据库中，他将世界各国的幸福研究数据汇总在了一个公开的网站（www.worlddatabaseofhappiness.eur.nl）上，这里也有有关幸福相关性的数据。例如，政治自由和性别平等与幸福有多大的相关性？范荷文使用10点量表得出了他的结果，该量表范围包括从0（最不满意）到10（最满意）。

▶ 哪些因素影响不同国家的幸福？

从整体上看，较富裕国家的公民更幸福。然而，一个国家的财富与其幸福等级并不完全一致。因此，金钱只说明了问题的部分原因。根据范荷文的研究，战争、政治动荡、极权主义政府和经济混乱会降低幸福等级。民主、安全、性别平等、健全的社会规划、政治稳定和较好的政治与经济自由能够增强一个国家公民的幸福感。范荷文认为社会凝聚力（也被他称作"手足之情"）是影响幸福的一个重要因素。

▶ 最富裕国家和地区与幸福的距离

人均收入排在前10名的富裕国家和地区中，只有4个国家（冰岛、瑞士、挪威和卢森堡）名列十大最幸福国家和地区的排行榜中。其余6个最富裕国家和地区分布在最幸福国家排行榜中的第14名爱尔兰到第55名中国香港。新加坡在幸福等级排行榜中位于第32位。

美国在世界人均收入最富裕国家和地区中排名第4位，人均年收入为4.7万美元，却在最幸福国家排行榜中排名第27位，幸福等级平均评分为7.0。

▶ 幸福不平等性是如何起作用的？

范荷文也对各国幸福等级不平等性感兴趣。换句话说，任何一个国家不同个体间的幸福等级有多大的相似度？基于幸福等级的标准差原理，他创建了一

种叫做"调整幸福不平等性"的测量方法。标准差是一种统计测量,反映了个例与平均值的偏差程度。根据他的计算,幸福等级最高也最平等的前5个国家是:马耳他、丹麦、瑞士、冰岛和荷兰。排在中间的5个国家是:美国、菲律宾、伊朗、韩国和印度。排在最后的5个国家是:亚美尼亚、乌克兰、摩尔多瓦、津巴布韦和坦桑尼亚。

▶ 幸福的平均值会随着时间变化吗?

根据范荷文的研究,幸福的平均值会随着时间的推移而增高。在富裕的国家里这些变化不大,但是在不发达国家里这些变化十分明显。例如,在美国,过去60年里幸福程度基本没有变化。理查德·伊斯特林(Richard Easterlin)已经使用了这一发现来支持他的一个理论,即美国的生活条件在过去60年里稳固提升,但对幸福却没有产生影响。如果我们把发达国家与欠发达国家的情况考虑在内,我们可以看出,在缺少金钱并且生活条件不理想的情况下,幸福与生活条件是密切相关的。然而,当人们的生活水平达到合理程度之后,幸福与富裕便没有多大的关系。

▶ 富裕国家的人比贫穷国家的人幸福吗?

下面的幸福等级列表来自世界幸福数据库,它是从世界各地搜集的数据编辑而成的。这些等级适用于2000—2008年。每个国家的收入信息是从美国《中央情报局世界概况》(CIA World Fact Book)上搜集来的。人均收入指的是每个国家公民的平均收入。如表所示,平均幸福等级的范围从0(最不快乐)—10(最快乐)变化,跨越以下4个收入的四分位数。

平均幸福等级0—10测量表

7.27	6.31	5.90	5.39

列出的国家人均收入以递减顺序排列

第1位四分位数	第2位四分位数	第3位四分位数	第4位四分位数
卢森堡	塞浦路斯	土耳其	玻利维亚
挪 威	以色列	白俄罗斯	洪都拉斯

第1位四分位数	第2位四分位数	第3位四分位数	第4位四分位数
新加坡	新西兰	巴拿马	巴拉圭
美 国	捷克共和国	哥斯达黎加	摩洛哥
爱尔兰	韩 国	巴 西	伊拉克
中国香港*	葡萄牙	南 非	印 尼
瑞 士	斯洛伐克	黑 山	菲律宾
荷 兰	爱沙尼亚	马其顿	尼加拉瓜
冰 岛	沙特阿拉伯	阿塞拜疆	越 南
加拿大	匈牙利	哥伦比亚	委内瑞拉
奥地利	特里尼达＆多巴哥	泰 国	印 度
瑞 典	波多黎各*	秘 鲁	巴基斯坦
澳大利亚	拉脱维亚	多米尼加共和国	摩尔多瓦
比利时	立陶宛	厄瓜多尔	尼日利亚
丹 麦	波 兰	阿尔及利亚	吉尔吉斯斯坦
芬 兰	克罗地亚	乌克兰	赞比亚
英 国	俄罗斯	波斯尼亚-黑塞哥维那	加 纳
德 国	马来西亚	亚美尼亚	孟加拉国
西班牙	智 利	萨尔瓦多	坦桑尼亚
日 本	墨西哥	中 国	马 里
法 国	阿根廷	阿尔巴尼亚	布基纳法索
希 腊	保加利亚	埃 及	乌干达
中国台湾*	伊 朗	危地马拉	卢旺达
意大利	乌拉圭	约 旦	埃塞俄比亚
斯洛文尼亚	罗马尼亚	格鲁吉亚	津巴布韦

*中国香港、中国台湾实际是中国的一部分，波多黎各是美国的领土，但由于当地文化的不同，它们被单独列出。

▶ **10个最幸福和最不幸福的国家分别是哪些？幸福与人均收入有何关系？**

　　下表列出了2000—2008年间幸福等级最高的10个国家和幸福等级最低的10个国家。整体而言，相对幸福等级高的国家都在富有的国家中，而幸福等级低的国家财富却很少。然而，人均收入并不能说明全部问题。跻身幸福等级前10名的国家人均收入与排名后10名国家的人均收入有些相似。例如，哥伦比亚的人均收入为8 900美元，而保加利亚的人均收入为12 900美元。同样，墨西哥的人均收入并不比保加利亚和马其顿高很多。

根据世界幸福数据库，冰岛被列为世界上最幸福的国家。(图片来源：iStock 图像)

10个最幸福的国家及其人均收入

国　家	幸福平均等级 (0—10)	人均收入（美元）	人均收入排名
冰　岛	8.5	39 900	9
丹　麦	8.4	37 400	15
波多黎各*	8.3	17 800	36
瑞　士	8.1	40 900	7
哥伦比亚	8.1	8 900	58
墨西哥	8.0	14 200	44
奥地利	7.9	39 200	11
芬　兰	7.8	37 200	16
卢森堡	7.7	81 100	1
挪　威	7.7	55 200	2

* 美国的领土。

10个最不幸福的国家及其人均收入

国　　家	幸福平均等级 (0—10)	人均收入（美元）	人均收入排名
马其顿	4.6	9 000	57
阿尔巴尼亚	4.6	6 000	69
保加利亚	4.4	12 900	46
格鲁吉亚	4.4	4 700	73
卢旺达	4.4	900	96
伊拉克	4.3	4 000	78
巴基斯坦	4.3	2 600	85
埃塞俄比亚	4.3	800	97
津巴布韦	3.3	200	98
坦桑尼亚	3.2	1 300	92

金钱心理学

▷ 什么是理性经济人理论？

自18世纪现代经济理论发展以来，经济学家一直认为人与金钱的关系很简单。理性经济人和计算机器有些类似的功能。有关如何花钱、借钱、存钱的财政决策是基于我们对得失的合理评估做出的。我们通过比较支出的价值与收入的价值来做出相应的决策。如果在计算中出错的话，我们最终也会认识到这些错误并且纠正我们的行为。

▷ 理性经济人理论的弊端是什么？

这一理论的弊端就是它常常出现失误。正如2008年金融危机显示的那样，人们的经济行为往往是不理性的。导致这一危机的原因是由于国家无法承受沉

重的债务。2007年，根据美国联邦储备委员会（U.S. Federal Reserve）的统计，美国家庭储蓄的中位数略高于零，并且多年来大部分人口收入的中位数一直持平。尽管如此，美国的家庭债务却持续增长，在2004—2007年期间增长11%，并在这3年中累计高于34%。事实上，2004—2007年，信用卡债务的中位数同比增长25%。换句话说，支出已经超过能够承担的水平。这并不是由于生活花销造成的，而是由于通货膨胀率的持续偏低导致的。这是一种巨大的无节制的民族狂热行为。尽管心理学无法解释整个复杂的经济事件——强大的政治、法律、环境和文化因素发挥着核心作用，但是越来越多的经济学家认识到了解人们对金钱的情绪反应是极其重要的。

▶ 什么是行为经济学？

行为经济学涉及经济学、心理学和神经科学等多个学科领域，其观点与理性经济人的普遍观点相对立。行为经济学的重点是关注人类财政决策的实际心理学。人们如何对金钱做出决定？他们的盲区是什么？情绪从何而来？在21世纪的前10年对这一领域进行了大量的研究。参与这项研究的科学家包括丹尼尔·卡内曼（Daniel Kahneman）、阿莫斯·特沃斯基（Amos Tversky）、丹尼尔·艾瑞里（Daniel Ariely）、瑞德·蒙塔古（Read Montague）和理查德·泰勒（Richard Thaler）。也有很多科学记者书写相关的书籍，如乔纳·莱勒（Jonah Lehrer）和贾森·茨威格（Jason Zweig）。

▶ 金融行为中的风险和回报评估有什么作用？

每一项金融决策都涉及风险和回报。风险是指金钱上的损失，例如，不良投资或花费太多的钱购买没有价值的东西。回报是指有可能赚更多钱或购买有价值的东西。

▶ 进化过程中我们的风险和回报评估是如何形成的？

为了生存，动物需要高度配合来应对风险和回报。回报的例子包括食物、性和社会地位。风险的例子包括来自掠食者的危险、物种内部的攻击和资源的损

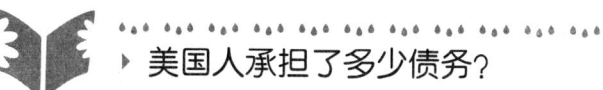
▶ 美国人承担了多少债务？

下表信息是从美国联邦储备委员会得到的数据，显示了2007年美国人的债务种类和数量。下表第三列显示了美国家庭各种债务的比例。第四列显示了美国家庭所持有债务数量的中位数。注意在这里的"中位数"是代表美国家庭所持有债务数量分布的一个数值，其可将美国人口数量划分为相等的上下两部分。

不理性经济人：美国人和债务（2007年）

债务种类	说　明	美国家庭债务的比例	债务的中位数
房地产：主要是住宅	住房抵押贷款或房屋资产	48.7%	107 000美元
其他房地产		5.5%	100 000美元
分期贷款	车、教育贷款	4.9%	13 000美元
信用卡债务		46.1%	3 000美元
信贷额度	非房屋资产	1.7%	3 800美元
其　他		6.8%	5 000美元
总　计	所有债务	77.0%	67 300美元

失。我们情感生活的进化是为了获得方法以便快速、有效地识别和应对生存环境中的线索。我们的主要情绪——如欲望、幸福、悲伤、恐惧和愤怒——有助于我们处理有关风险和回报的信息。由于情绪及控制情绪的部分大脑在进化史上出现得比较早，所以我们与其他哺乳动物，如灵长类动物、猫和狗的核心情绪是一致的。

▶ 在金钱决策方面我们的情绪起到怎样的重要作用？

虽然我们认为我们只有经过深思熟虑的分析后才会做出金融决策，但事实

上，我们的情绪起到了很大的作用。脑成像研究表明，当我们做金钱决策时我们大脑的情绪部分非常活跃。事实上，大脑的情绪部分往往比大脑的思维部分更活跃。因此，为了了解金钱心理学，我们必须了解情绪是如何影响我们对金钱做出的决策的。

任何研究股市的人都会认识到投资者的行为不合逻辑，很情绪化。人们会本能地对潜在风险做出快速反应，这时直觉反应会先于逻辑反应出现。(图片来源：iStock 图像)

▶ 在金钱心理学中，恐惧和欲望起到了什么作用？

恐惧和欲望都是金融决策所涉及的主要情感。我们的恐惧促使我们避免损失钱财，欲望促使我们追求回报，例如，金钱或用金钱买到的物品。当对金钱的欲望变得强烈并难以控制时，我们称之为贪婪。

▶ 做金融决策时，我们的情绪会引发什么问题？

即使我们的情绪数百万年前就已经进化，可以帮助我们适应环境，但它们仍不完美，经常使我们误入歧途。首先，我们的情绪几乎完全着眼于现在，可以表达我们目前的很多需求，但却不能表达我们未来的需求。为此，我们需要精心思考和分析。其次，我们的情绪是受刺激引发的，换句话说，它们对环境信号有高度强烈的反应。

▶ 着眼于即时后果而忽视长期后果表明了我们怎样的偏见？

有明显的证据表明，短期关注一般比长期关注对决策的抉择有更大的影响力。事实上，优先考虑长期后果而不是即时满足，这实在不是件容易的事情。我们对信用卡的使用就是一个很好的例子。一项由德拉赞·普里雷勒（Drazen Prelec）和邓肯·西梅斯特（Duncan Simester）于2001年进行的实验表明了使用信用卡是如何增加我们的支出的,这是因为不是即时花钱的缘故。研究者举行了一场篮球票的拍卖会,参加拍卖的一半人要求用信用卡付钱,而另一半则用现金。不出所料,用信用卡付钱的人出价要高很多,比用现金支付的人要高1倍。在另一项研究中,劳伦斯·奥苏贝尔(Laurence Ausubel)观察了消费者对两种商业抵押贷款的反应。第一种抵押贷款提供了较低的诱惑利率(6个月为4.9%),然后是16%的终生利率。第二种抵押贷款提供了一个较高的诱惑利率(6个月为6.9%),但随后是14%的较低终生利率。奥苏贝尔发现,选择第一种抵押贷款的消费者比第二种高3倍。最终,他们选择了短期省钱的抵押贷款,但其实花费了更多的钱。

▷ 刺激引发的含义是什么?

我们不但首先要关注即时后果,而且还要对环境中发出的即时危险或回报的信号也作出快速反应。这些信号能够影响我们对风险和回报的评估,有时会使我们完全偏离方向。例如,人们什么时候会积极地减肥?是在商店里试穿泳衣的时候,还是路过冰激凌店的时候?

▷ 什么是锚定效应?

锚定效应是指不相关的刺激对进一步的决定具有强烈的影响方式。例如,丹尼尔·艾瑞里和他的同事举行了一系列项目的拍卖会。在拍卖会出价之前,要求参与者写下他们的社会保障号码的最后两个数字。虽然社会保障号码与拍卖没有任何逻辑关系,但是写下高数字的人比写下低数字的人对同种项目的出价平均高出3倍。

▷ 什么是框架效应?

在框架效应中,信息的呈现方式影响着我们对信息的反应。换句话说,是突出风险还是突出回报将极大程度地影响我们对风险和回报的评估。在2006年的一项研究中,贝尼代托·德马蒂诺(Benedetto de Martino)和他的同事进行了一个实验,他们发给受试者50美元,并提供两种选择。第一种选择是留下20美

元（突出回报），然后给他们提供一次保留或失去全部50美元的赌博机会。在这项方案中，只有42%的受试者选择了赌博。第二种选择限定在损失（突出风险）而不是获得时（受试者将会损失30美元而不是保留20美元），62%的受试者选择了赌博。决策很大程度上是由风险和回报的呈现方式决定的。我们可以想象，广告商很清楚地意识到这一倾向并把它用于广告中。

▶ 我们如何评估风险和回报的可能性？

我们的情绪并不擅长思考事情发生的可能性，却非常适应风险或回报的强度，高回报或高风险可以激发我们的情绪，但是我们却不擅长平衡事情后果的强度和事情发生的可能性。例如，与高血压相比，很多人都更害怕恐怖袭击，虽然西方发达国家的人死于心脏病的比死于恐怖袭击的更多。

▶ 什么是损失厌恶？

损失厌恶的概念是由丹尼尔·卡内曼（Daniel Kahneman）和阿莫斯·特沃斯基（Amos Tversky）在20世纪70年代提出的，它指的是我们对即时损失信号的情绪反应。从情感上说，我们都极力守住我们的财物，努力避免损失。因此，我们往往倾向于选择避免短期内损失金钱，即使是短期损失金钱会使我们长远的将来赚更多的钱。重要的是要记住这一倾向是受刺激引发的。所以，我们是根据损失可能性的信号来做出反应，而不是根据损失的实际可能性做出反应。在没有损失信号的情况下，我们就会受到回报信号的左右，发生在我们身上的信用卡超支现象就足以说明这一点。因此，如何利用这些信号很大程度上影响着我们的行为。

前面提到的马蒂诺的框架效应实验支持了我们对损失厌恶的倾向。另外，乔纳·莱勒在他的书中呈现的一项关于做决策的实验显示了损失厌恶的效应。他们给医生提供了一项关于解决一种致命疾病暴发的方案。该方案包括两种情况，每种情况都各有两个选项。在第一种情况下，两种选项描述的都是关于有多少数量的人能够生存的问题。在选项1中，200人（一组有600人）能够生存下去。在选项2中，有1/3的可能性能使600人得到拯救，但是有2/3的可能性是最终没有人会被拯救。只有28%的医生选择了选项2，即高风险策略。在第二种情况下，当同样的两个选项描述的都是有多少数量的人会死的时候，78% 的医生就会选择风险策略。在这里，我们可以看到情感偏见是如何影响决策的，即使是责任岗位上训练有素的人也难以避免。

▶ 为什么"低买高卖"违背人的本性？

股票市场的基本智慧是：当一只股票的价格被低估时就购买，获利时就卖掉。这样就能使买卖股票所得利益最大化。暂且不说预测一只股票是否涨跌的难度，这一行为违背了我们基本情感本质。就像行为主义中详细叙述的部分，我们重复着可以得到奖赏的行为和终止可能受到惩罚的行为。如果一只股票一直上涨，我们购买该股票就会获得回报，所以我们往往选择继续购买。而当这只股票一直下跌，我们就有可能因为购买该股票而受到惩罚，所以我们就不会选择再购买了。

▶ 认知能力在金融决策中起作用吗？

当然，在做金融决策时我们确实会使用大脑进行思考，但更多的是我们的心理在起作用而不仅仅是我们的情绪。当我们规划未来、分析复杂的情况以及计算数值量（毕竟金钱是以数字为基础的）的时候，我们会使用认知能力。不过，我们的分析能力有很大的局限性，这些局限在我们做金融决策时就体现出来了。

▶ 我们自身的分析能力有何局限？

尽管人类拥有非同寻常的智力能力，但是分析经济信息的能力却有着明显的局限。其一，调节复杂思维的大脑额叶区的处理能力是有限的。额叶具有复杂的认知能力，运作时会耗用大量的能量和热量，并组成了庞大的神经线路。换句话说，对金融信息的理性分析是十分"昂贵"的。因而，我们的大脑高度依赖高效节能的捷径来使我们快速处理大量信息。虽然这些捷径能使我们在现实世界里正常运作，但也会使我们误入歧途。影响我们对金钱的思维的3种认知捷径包括：组块、对环境的敏感性以及情感和认知之间的零和博弈。

▶ 组块是如何影响我们决策的?

正如乔治·米勒(George Miller)在1956年最先提出的那样,我们一次只能记住7个正负信息块。为了提高我们的记忆能力,我们往往将信息组成一个更大的信息块。直到我们忘记了更大的信息块最初是由更小的信息块组成的这一事实为止,这一方法才会起作用。例如,据安德鲁·盖尔(Andrew Geier)、保罗·罗津(Paul Rozin)和格奥尔基·多罗斯(Gheorghe Doros)于2006年进行的一项研究记载,当人们使用大勺而不是小勺时,会吃更多的糖果。此外,乔纳·莱勒在2009年著的书中记录了有关做决策的实验,人们很清楚地认识到,当食物的分量或盘子较大时,人们会吃掉更多的食物。人们会计算吃了多少勺或是多少盘食物,而不是计算他们消耗了多少块糖果或是多少盎司的食物。当快餐店提供超大份食物时,利用的就是这种倾向。

▶ 对环境的敏感性是如何影响我们决策的?

人们并不擅长评估每个项目的绝对值,我们往往看到的是相对值。换句话说,我们对具体对象价值的估算会根据情况有很大的不同。经济学家理查德·泰勒调查了人们是否愿意为了节省5美元(30元)花20分钟时间绕路去购买15美元(93元)的计算器或者去购买125美元(775元)的皮夹克。68%的人会选择计算器,只有29%的人会选择皮夹克。虽然节省的钱数是相等的,但在第一种情况中5美元似乎价值较大,因为5美元在计算器的费用中所占比率相对较多。在第二种情况中5美元似乎价值较少,因为5美元在皮夹克的费用中所占比率相对较小。

▶ 过多的信息是如何损害我们的冲动控制能力的?

在认知与情感之间存在着零和博弈(译者注:所谓零和,是博弈论里的一个概念,意思是双方博弈,一方得益必然意味着另一方吃亏,一方得益多少,另一方就吃亏多少。之所以称为"零和",是因为将胜负双方的"得"与"失"相加,总数为零。即"彼之所得必为我之所失,得失相加只能得零")。大脑依赖能量,就像车需要汽油一样。如果具有认知能力的前额皮层耗费过多的燃料,就会造成抑制我们情感冲动的额叶区域所需燃料的不足。这种情况体现在巴巴·希夫（Baba Shiv）和亚历山大·费德罗金（Alexander Fedorikhin）于1999年进行的实验中。受试者接受了两项不同的记忆任务，一项简单记忆任务（记住2个数字）和一项困难记忆任务（记住7个数字）。注意，我们一次仅能记住7个数字。接下来让受试者选择巧克力蛋糕或者选择健康的水果沙拉。完成简单任务的人更有可能选择健康的水果沙拉，而完成困难任务的人则会选择巧克力蛋糕。这是因为完成困难记忆任务时消耗了很多能量，耗尽了大脑抵抗诱惑的能力。

▶ 社会环境是如何影响我们决策的？

我们对价值的评估在很大程度上也受到社会因素的影响。人们愿意花大量的金钱购买奢侈品。一个钱包真的值1 000美元（人民币6200元）吗？一块手表呢？如果拆掉宝马车的标志，使其变得无法辨认，还会有多少人愿意花8万美元（人民币50万元）去购买它呢？人们用离谱的价格来购买奢侈品，不是因为他们相信这些奢侈品值这个价，而是这些产品能呈现的社会意义。实际上，人们购买的是社会地位。这就是为什么商家付给那些地位高的人，如电影明星或体育明星上百万的金钱让他们代言运动服、麦片或床垫等商品。同样，我们对公平的薪水、合理的价格和购买物品的价值的感性认识是根据社会环境做出判断的。我们同事的薪水是多少？我们邻居的车是花多少钱购买的？现在的广告商已准确地掌握了这种倾向，学会了如何对他们的商品定位，以期从社会环境中获益。

金钱生物学

▶ 什么是神经经济学？

神经经济学是对我们大脑区域对金钱做出反应的研究。随着我们对做金融决策时所发生的心理过程的了解，我们便能更好地调查我们做金融决策时大脑的哪些部分是活跃的。你也许会问：当我们看到我们想要买的东西时，大脑的哪些部分开始运作？当我们看到价格标签时或进行金融赌博时呢？当我们损失

广告商早已了解掌控我们情感的大脑在做购买决策时的重要作用,甚至是在功能磁共振成像研究之前就已经掌握。例如,卖口红的公司会把他们的商品与美丽、青春、魅力联系在一起,即使他们自己也承认上述这些并非口红的真实效果。(图片来源: iStock 图像)

金钱时呢?

▶ 科学家如何研究神经经济学?

现今有很多方法可以看到大脑的内部结构。较早的脑成像技术,如磁共振成像、正电子发射断层扫描和单光子发射计算机断层扫描,都能对大脑进行拍照。通过记录血液流动或葡萄糖摄取,我们可以绘制出大脑在某一时刻的活动模式图。然而,功能磁共振成像这种脑成像技术的发展却完全改变了目前的状况。如今,通过记录磁化原子的行为,我们可以看清任何时刻大脑的动态活动状态。我们的技术已从静止的成像图发展为动态的图像播放。如果我们想调查一系列心理过程中大脑的活动情况,使用这种技术就极为重要。有了功能磁共振成像技术,我们可以在实验中对人进行扫描,观察他们的大脑是如何运作的。

▶ 大脑的哪些部分参与了金融决策?

大脑的几个区域都参与了金融决策的心理过程。这些大脑区域相当整齐地划分为与认知过程或是情感过程相关的区域。前额叶皮层参与了仔细分析、定量推理和可能产生的后果的思考,大脑这一区域是用于规划未来的。大脑深处的一些小区域调节着我们做金融决策时的情感过程。伏隔核是多巴胺能神经奖励系统的中心,与追求奖励的欲望和动机有关。杏仁体对恐惧刺激特别敏感。岛叶是额叶的一部分,夹在额叶、顶叶和颞叶中,对疼痛感和厌恶感做出反应。当我们赔钱时岛叶便被激活了。

▶ 前额叶皮层具有怎样的功能?

前额叶皮层是额叶的最前部(或额部)。额叶组成了大脑皮层,也就是大脑的皱纹外壳的前半部分。前额叶皮层整合了来自大脑其余部分的信息,对我们当前的状况形成总体信息。前额叶皮层不仅能够呈现我们在环境中的自我形象,而且还能够预测未来的状况。以这种方式,前额叶皮层承担着我们制订计划、设定未来目标和纠正我们追求目标的行为的能力。前额叶皮层也参与精确仔细的信息分析,例如,计算这段时间内的花费。

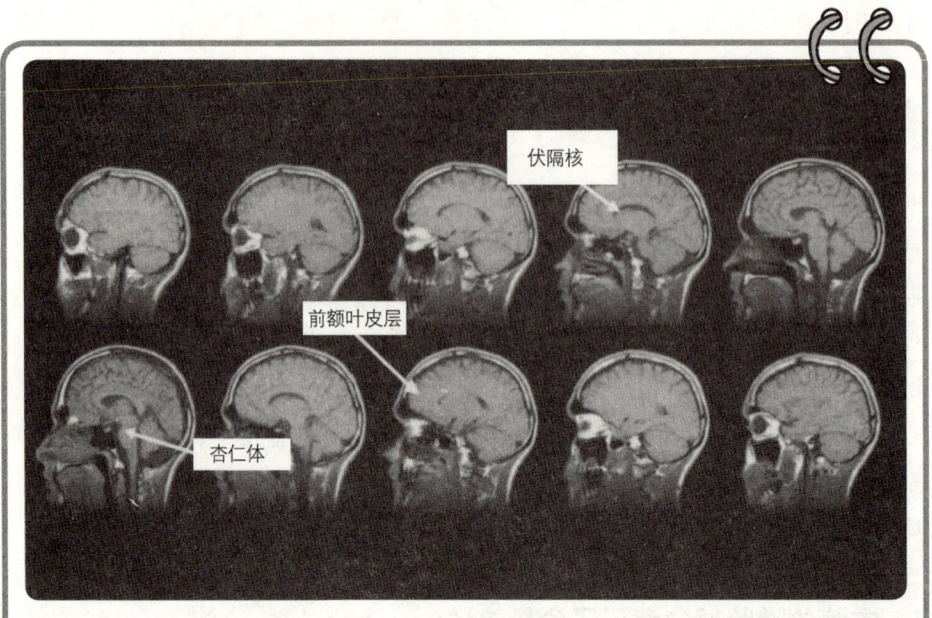

这是一张磁共振成像脑部扫描照片。箭头指向的大脑区域距离我们对金钱反应的大脑区域很近。前额叶皮层参与了我们对金融决策的长期结果的分析。杏仁体对恐惧信号有特别反应。伏隔核在奖励系统中起关键作用，促使我们追求奖励刺激。(图片来源：iStock 图像)

由于前额叶皮层不仅可以呈现当前事件，也可以呈现将来可能发生的事件，我们的前额叶皮层会使我们的思维更加灵活，甚至使我们想出问题的创造性解决方法。这与进化过程中和情绪有关的较古老的大脑部分形成对比。这些区域更依赖于刺激，并与当前的信号密切相关。额叶也参与抑制我们的情绪反应，它能抑制大脑中枢边缘系统并调节驱动和动力的大脑其余部分。换句话说，额叶皮层使我们能够理智地调节情感和冲动。

▶ 前额叶皮层的缺点是什么？

如上所述，前额叶皮层占据大量的能量并掌控着大部分的大脑。虽然前额叶皮层功能很强大，但运作时却缓慢而低效。因此，如果我们仅仅依靠额叶来识别环境，可能会错过大量的信息。此外，前额叶皮层不处理个人价值方面的信息。

情感帮助我们辨别某一特定状况的价值——某事对我们是否重要，有多么重要。事实上,如果没有了个人对某事价值的评价,我们就无法做决定。例如,眶额叶皮层病变的人无法做决策,因为这一区域整合我们的情感信息来处理当前和未来事件。此外,如果我们过分考虑决策,我们的决策就会产生偏颇。

1993年,蒂莫西·威尔森(Timothy Wilson)和他的同事进行了一项研究,他们让女大学生从5张海报中挑选出1张。这些受试者分为两组。在第一组中,为了测试受试者对每张海报的喜欢程度,她们在挑选海报之前,需要在1—9分之间给每张海报打分。在第二组中,受试者在做决定之前,有关她们对每张海报喜欢或讨厌的原因,她们填写了一张问卷调查表。几个星期后,第二组中有75%的受试者对自己的决定感到后悔,而第一组却没有。这种情况说明了过度分析干扰了有效的决策。

▶ 前额叶皮层与购买决策有多大关联?

由于购买决策主要涉及个人价值,即我们个人的得失状况,所以前额叶皮层似乎在大脑对购买决策的反应中并不起主导作用。2007年,布莱恩·科诺森(Brian Knutson)、乔治·洛斯滕(George Lowestein)及同事进行了功能磁共振成像实验,该实验证明了:在做购买决策过程中,前额叶皮层比伏隔核(处理奖励)或岛叶(处理伤痛)被激活的程度少。这表明,与购买决策的合理评估相比,购买决策更多是由欲望和痛苦之间的平衡来驱动的。

▶ 多巴胺能神经奖励系统有什么功能?

多巴胺能神经奖励系统是通过大脑中部运作的神经线路。由于它在大范围心理现象中的核心作用,已经引起人们的极大关注。多巴胺奖励线路是从中脑区域的腹侧被盖区开始的,这个区域是神经元细胞体所处的位置,神经递质多巴胺就在神经元细胞体中。这种特殊的多巴胺管道被称为脑边缘多巴胺能神经管道,这意味着它能穿过大脑中部的边缘系统。

多巴胺能神经元最终连接到伏隔核,伏隔核是奖励线路中的关键节点。奖励线路对奖励信号做出反应,并起到调动机体追求奖励的功能。主观上看,我们受到欲望、兴奋或渴求的驱使。奖励系统与我们的金融生活密切相连。每当我们对金钱或者金钱可买到的商品产生欲望时,我们的奖励系统便被激活了。

 ▸ 2007年的葡萄酒实验表明人们会如何做决策?

我们是依据价格标签来判断葡萄酒的吗? 一项研究表明,人们相信昂贵的葡萄酒一定比便宜的葡萄酒好,即使两个瓶子中装的酒是一样的。(图片来源: iStock 图像)

在黑尔克·普拉斯曼(Hilke Plassman)和同事于2007年所做的实验中,受试者被邀请坐在功能磁共振成像扫描仪上进行品酒。3瓶相同的葡萄酒被倒入5个不同的瓶子中,给人的印象是这5个瓶里装有不同的葡萄酒。拆掉瓶子上原有的价格标签,换上新的价格标签。虽然一些瓶子所贴标签价格不同,而实际上里面的葡萄酒却是相同的,显然受试者比较喜欢选择最昂贵的葡萄酒。前额叶皮层是大脑区域中对价格标签反应最强烈的区域。这表明我们的前额叶皮层不顾我们的真实感受,而是根据我们想当然地认为什么是重要的而进行评估。这样看来,如果我们在做决策时依靠太多智慧,就会着眼于错误的特征。思维和情感之间的平衡对做出有效决策是很有必要的。

▶ 奖励系统对动机的影响有多强烈?

我们必须知道,奖励系统对动机有强烈的影响。如果奖励系统处于放电状态,我们会产生强大的欲望。在最极端的状态下,我们就会体验到上瘾的欲望,这种欲望会压倒一切,导致人们不会考虑欲望所带来的任何危险或后果。所以,当我们陷入赚钱的快感中时,奖励系统就会压制住额叶的抑制(警戒)效应。

▶ 多巴胺能奖励系统是如何设定目标的?

多巴胺能奖励系统不仅会对出现的奖励做出反应,而且还会知道哪些信号发出的是奖励信号而哪些不是。因此,奖励线路主要与目标的设定有关。它的任务是区分哪些信号发出的是奖励信号而哪些不是,并且在我们发现相关的信号后使我们做好准备追求奖励。

▶ 多巴胺能奖励系统的缺点是什么?

多巴胺能奖励系统经过数百万年的进化,帮助我们识别当前存在的奖励,并激励我们花大量的精力去追逐和获得这些奖励。然而,这并不是简单的过程。首先,它是对奖励的强度做出反应,而不是奖励的可能性。其次,它对新奇的事物可能间歇性强化做出过度反应。第三,在随机性方面处理不好。

▶ 对可能性缺少敏感度会导致哪些后果?

多巴胺能奖励系统对奖励强度有明确的反应。例如,在一项由布莱恩·科诺森进行的功能磁共振成像研究中,伏隔核对5美元(30元)的承诺奖励的激活反应是1美元(人民币6元)的奖励的2倍。然而,这一系统并不处理奖励的可能性,也就是奖励实际可能发生的概率。该系统缺乏对奖励可能性高和可能性低的鉴别力,这可以解释出为何彩票会对我们具有如此的吸引力。为什么奖金突破百万时彩票的购买会暴涨?因为即使奖励的强度刺激了我们的多巴胺奖励系统,但中奖的低概率并未显现出来。在一定程度上,我们的额叶确实会处理关于可能性的信息,但我们的奖励系统可能会压制住这种功能。

▶ 奖励系统对间歇性强化是如何反应的?

多巴胺能奖励系统对间歇性强化有很强的敏感性。每当行为间歇性增强

时，对某一特定行为的奖励就变得无规律并不可预测。多巴胺神经元对新奇和惊喜的反应特别敏感，所以当不可预测的行为得到强化时，奖励的每次体验便会出人意料。实际上，一个不可预测的奖励的激活度可能是可预测的奖励的3—4倍。这种模式使我们易于产生赌博的想法。赌博行为本身就是一种间歇式的增强。

▶ 奖励系统如何使我们易受赌博的影响？

有证据表明，赌博能激活多巴胺能奖励系统，病态赌博的人的这个系统一般都会出现异常。乔纳·莱勒特别提到一个患有帕金森氏病的女性的例子。帕金森氏病是由于在基底节的多巴胺神经元细胞死亡引起的。通常对此病症的治疗包括使用增加大脑中多巴胺数量的药物。当这名女性服用多巴胺激动剂（增加多巴胺的活性药物）进行治疗后，她的帕金森氏疾病有了大幅度好转。但不幸的是，她又突然患上严重的赌博疾病，赌博最终使她丧失了金钱、房子和婚姻。而当停止用药后，她的赌博毛病便消失了。

▶ 多巴胺能奖励系统是如何对随机性作出反应的？

多巴胺能奖励系统在随机性方面的处理并不好。该系统在进化中具有发现规律的能力，甚至在没有规律存在的时候，它仍试图寻找。因此，我们往往过高估计自己凭借过去的经验来预测未来的能力。当人们选择股票时表现出频繁的、过度的自信就足以说明了这一点。如果股市或房地产市场经营好的话，人们往往认为这种好形势可以永远运作下去。事实上，连胜的好运气可能随时终止。当我们认为过去的运势能保证未来的运势时，我们便会进行愚蠢的投资。对预测未来事件的能力过于自信，这种机制恰恰是导致金融泡沫的重要因素。

▶ 杏仁体有什么样的作用？

杏仁体是边缘系统的重要组成部分。杏仁体对恐惧信号，即危险信号产生特别的反应。当杏仁体被激活时，它会刺激下丘脑的活动，下丘脑就会反过来向植物神经系统发送信息,这将激活一些生理应激反应,如心跳加速、排汗、呼吸短促等。杏仁体对金融损失信号的反应高度敏感。即时损失危机的信号激活了杏仁体,杏仁体反过来又刺激了可能或不可能达到意识的情绪反应,但是仍然会影响我们的决策,这种反应引发了损失厌恶的倾向。与伏隔核和多巴胺能奖励系统一样,杏仁体与即时信号高度契合,但是却并不擅长对当前环境和未来环境中的信号意义做出评估。这应该是额叶所具有的功能。

▶ 岛叶有什么作用?

岛叶位于额叶中部,是被额叶、顶叶和颞叶皮层夹在中间的大脑皮层区域。它把我们身体内部状态的信息传达给我们的大脑皮层。这样,岛叶起到了经历厌恶和痛苦的作用。当我们体验赔钱的痛苦时,岛叶被激活了。例如,当我们在购物中看到价格标签时,岛叶的活动就会增加;当我们用信用卡而不是现金支付时,其活动就会减少。

▶ 当我们做顺应社会的决策时,我们的大脑发生了什么反应?

作为社会性动物,我们感受到有一种非凡的动力驱使我们在社会所宽容的范围内行事,抵制违背群体的行为。在一项由格雷戈里·伯恩斯(Gregory Burns)进行的实验[记者贾森·茨威格(Jason Zweig)报道了这个实验]中,受试者在认知测试中如果独立做决定,84%的时候能够做出正确选择;但当他们接触到4个同伴所做的决策不正确时,仅有59%的概率能够做出正确选择。当受试者顺应其同伴所做的决策时,他们的前额叶层的激活就会减少,或许这反映了独立思考的减少。然而,当他们违反群体规范时,杏仁体的激活就会增加,表现出恐惧反应。

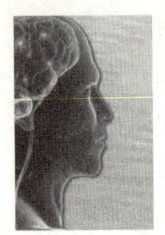

三 群体动力学和公共领域

群体动力学

▶ 为什么群体动力学很重要?

由于群体的重要性,所以群体动力学的研究就很重要。我们与群体的关系涉及我们生活的方方面面:我们在家庭里长大,在学校接受教育;我们大多数人在群体环境中工作,很多人在自己的家庭中生活;此外,我们生活在一个社区中,归属于一个或多个民族,被划分为特定的性别。群体塑造了我们的日常生活,强烈地影响了我们的身份与自尊,甚至塑造了我们对周围世界的看法。因此,我们的心理及产生心理的大脑已经进化,促进我们参与到群体活动中。

▶ 群体是否比部分总和更大?

群体动力学的基本假设是:群体的特征不能被归纳为群体中个体成员的行为。换句话说,每个群体都有自身的特征。当我们觉察到在个体成员改变后群体依然坚持不变时,便可以理解群体是如何运作的。个体成员的来来去去,并不影响群体的特点的发展。实际上,这就是我们所说的文化。无论是一个机构、社会、民族、宗教团体或公司,群体的规范、价值观和风俗习惯都是不能抛开个体成员而存在的。这并不是说群体是一成不变的或个体成员并不重要，而是群体可以发展出一种独立于个体成员而长久存在的身份和特征。

▶ 我们如何定义群体？

定义群体有多种方法。群体可被定义为拥有共同命运、共同社会结构或进行面对面互动的人的集合。鲁珀特·布朗（Rupert Brown）在他的专著中为群体下了以下定义：一个群体是由两个或更多的认定自己为群体成员的人组成。此外，群体的存在必须得到至少一名不是该群体成员的人的认可。

▶ 社会心理学在群体动力学研究中起着什么作用？

第二次世界大战惨无人道的屠杀之后，许多领域的学者对顺从的概念极为关注。为何会有这么多的普通人参与到大屠杀的暴行中？顺从的压力如此强大，难道这居然能成为这种极端行为的借口吗？这类问题促使人们对群体行为进行调查研究。大量的有关群体结构与行为的研究已经由心理学的一个分支——社会心理学进行。社会心理学家对有关群体规范、群体认同和顺从进行了研究。社会心理学家，库尔特·勒温（Kurt Lewin）是研究群体动力学的先驱者之一。

▶ 精神分析学对群体动力学的研究有何影响？

虽然社会心理学家对群体的统一性（即群体成员采取一致行动的方式）感兴趣，但是一些精神分析学家则对群体成员之间的相互作用感兴趣。在临床工作中，这些临床医生认识到了群体动力学影响人们相互之间的关系方式。具体地说，他们注意到群体成员彼此结成联盟、分成不同的派系、配合群体领袖、随后又反抗群体领袖的这些方式。威尔弗雷德·比昂（Wilfred Bion）是这一领域的先驱者。群体心理治疗运动中另一名有影响力的临床医生是精神病医师欧文·亚隆（Irvin Yalom）。

这张照片显示的是哈西德派或极端正统的犹太人。请注意到他们与众不同的服装，包括黑色毛毡或毛皮帽子、黑色长大衣和被称为帕约斯（peyos）的长卷发。这些服装标志着群体内和群体外的界限，发挥着维持群体认同的重要作用。（图片来源：Shutterstock 图像）

▶ 什么是群体认同？

群体认同是指作为一个独立的单位得到群体成员和非成员的认可。群体认同是群体存在的一个十分关键的部分，群体的很多行为将有助于促进和保持群体认同。例如，特定的仪式、服装的样式和语言方式可以帮助人们区分出哪些是会员，哪些不是会员，从而提高群体认同。我们可通过青少年的拉帮结派、宗教组织甚至军事团体来认识群体认同。

▶ 群体认同是如何影响个人身份的？

群体中的个体成员通过与群体的其他成员保持一致来重塑他们的个体身份。我们的社会身份在我们群体成员身份中发挥着重要作用。通过认同特定群体，我们声称我们与群体拥有共同的价值、目标和信念。此外，我们的自尊是受到群体中我们的地位和价值影响的，也受到关系到其他群体的我们的群体地位的影响。归属于地位低或无价值的群体的人其自尊心会受到伤害。同样，人们可以通过加入尊重他们或被他人尊重的群体来获得自尊。

▶ 什么是群体规范?

群体规范是指管理和支配群体成员行为的规则和期望。例如,在企业环境中,群体中的个体成员应该注意着装和表现专业。他们不能穿过于休闲的服装,从事违法违规行为,喝酒、表现明显的性行为或暴力行为。他们应该表现出强烈的职业道德。相反,青少年街头帮派的群体成员应该表现出不容置疑的忠诚,表现出强硬,准备好参与暴力并漠视传统权威。

▶ 当群体中个体成员违反群体规范时,会发生什么?

当群体中的个体成员违反群体规范时,群体会纠正他们的行为直到他们遵从为止。如果公司员工喝得醉醺醺来上班,对同事进行性骚扰,并损坏办公设施,会发生什么呢? 该群体(在这里是公司)将会立即采取行动纠正员工行为或者开除员工。

▶ 什么是群体凝聚力?

群体凝聚力是指群体成员对群体的认可程度与贡献程度。这反映了与整个群体的亲密联系。具有凝聚力的群体有强烈的群体认同感并严格遵守群体规范。早期的社会心理学家认为,群体凝聚力反映了个体成员彼此互相喜爱的程度。然而,后来的研究者指出,凝聚力反映了群体成员对群体理念的依恋,而不是对特定的群体成员的依恋,以及群体成员对群体的目标与价值的赞同程度有多大? 他们对这些目标与价值的感受有多强烈?

▶ 哪些因素能增强群体凝聚力?

增强群体凝聚力的因素有很多,包括对群体成员的情感,有意义的共同目标以及实现这些目标的成功经历。领导的作风也很重要。有效率的领导者既致力于群体的目标又注重群体的社会和情感需求。最后,反对群体外或者与群体

外形成对比也能增强群体凝聚力。在某些情况下,这可能是无害的,甚至是有益的,这就像体育运动队间的对抗。然而,这种倾向也有负面影响,因为在努力增强群体凝聚力的过程中,可能丑化了群体外或者增强了群体内紧张感。这可能会引起种族主义、偏见甚至战争。

▶ 入会仪式有何作用?

入会仪式存在于许多不同文化的不同群体中。在新加入者被群体接受以前,他们需要经过多种考验,大多数包括身体不适、痛苦和屈辱。这种仪式是为提高新加入者对群体的忠诚与顺从,也是为了强调群体内和群体外的界限。社会心理学家透过入会仪式背后的机制提出了自己的理论。有些心理学家认为是认知失调在起作用。这个理论是由利昂·费斯廷格(Leon Festinger)在1957年首先提出的,他认为人们往往倾向于使矛盾的思想合理化。因此,新加入者可能会推断为

在兄弟会中的欺辱现象可以看作是现代入会仪式的示例。发誓要加入的人或是新加入者应该经历各种考验,包括饮用大量的水或酒。虽然这种捉弄的做法已经导致了法律诉讼,甚至有时会导致死亡,但是仍然受宠,这说明入会仪式对群体认同和凝聚力所产生的心理影响。(图片来源:iStock 图像)

"如果我经历了所有这些考验加入这一群体,我必须是真正想成为其中的一员"。

▶ 有现代入会仪式的例子吗?

人类学家一直谈论有关前现代社会中的入会仪式。例如,在非洲西部的富拉尼部落(Fulani tribe),青春期男孩的成人仪式是让他们用鞭子互相打斗。对青少年男性的相关考验在新几内亚的不同部落中也存在。尽管现代西方文化中的很多仪式也具有同种功能,但其本身可能不被视为入会仪式。例如,海军陆战队的新兵训练营、捉弄新兵的兄弟会和36小时轮班工作的住院医生,都具有入会仪式的功能。在新加入者被独立的群体接受前,他们必须经历痛苦的并且通常是屈辱的考验。

▶ 群体的一致性是如何塑造个人观点的?

虽然我们可能认为我们是独立形成自己的观点的,但研究表明,人们的各种思想和行为都受到群体规范的深刻影响。人们去顺应群体规范时会感受到巨大的压力,当违背群体时会感到焦虑。一项由格雷戈里·伯恩斯(Gregory Burns)进行的功能磁共振成像研究表明,当人们做出不顺从的决定时,杏仁体的激活增强。杏仁体是与恐惧反应有关的大脑区域。此外,大量的社会心理学研究表明了顺应的压力是如何影响我们对客观世界的感知的。有关4个同伴的研究说明了连续的错误观点可能导致受试者否认明显的客观事实,例如,把明显的蓝色认成是绿色。

▶ 什么时候顺从表现得最突出?

在新情况或是模棱两可的情况下,人们对自己的观点最缺乏信心,这时顺从表现最突出。当人们对自己的观点更了解或更有把握时,他们不太受群体思维的影响。如果他们的群体认同是新的或暂时的,人们也会表现得更加顺从。这一状况在青春期尤为严重,因为,青春期时,整个的社会认同都是崭新的、没有安全感的。许多青少年在选择服装、音乐、兴趣,甚至是朋友方面都感受到了顺从的巨大压力。大多数成年人会把这些决定看作是不重要的或者是涉及个人

▶ **哪些重要的实验可以表明人们有顺从群体规范的倾向？**

社会心理学的两个经典实验说明了群体规范的权威。由穆扎费·谢里夫（Muzafer Sherif）在1936年进行的一项开创性实验中，人们置身于光幻觉（也被称作游动错觉）之中。让你在一个完全黑暗的房间中观察有针眼大的闪耀的小光点的话，这一光点似乎是会移动的。谢里夫让他的受试者估算这一光点的移动情况。他首先对受试者单独进行了测试，接着按2—3人为一组进行了测试。他发现，在单独测试时，个人对光点的移动的估算有很大差异。然而，在小组测试时，受试者的答案几乎趋于一致。塑造人们观点的群体规范形成了。

1956年，所罗门·阿希（Solomon Asch）发表了另一个经典实验的结果。他要求受试者参与一个有关视觉判断的实验。受试者被分成几个小组，然后给他们看有几种线条的图片。要求这些小组从三条对比线条中选出一条线，与目标线条相配对。事实上，小组中只有一名成员才是真正的受试者。其他成员是实验的一部分，要求他们在2/3的时间内一致发表错误的答案。这项研究的重点是观察这个真正的受试者，能否在组员都给出错误答案的情况下回答出正确的答案，或者能否顺从群体规范而同意错误的答案。事实上，这个真正的受试者在36%的时间里确实顺从了错误的答案（全部或者部分）。这项研究很重要，因为它表明了甚至当群体客观上明显有错误时，人们还是会根据群体规范来调整自己的反应。

的，不会把它们看作是巨大的社会压力。

▶ 群体对新观点的反应如何？

在一般情况下，群体是保守的，其改变是缓慢的。群体保持着恒定的状态。

换句话说,他们在面对改变时,会恢复原先的状态。因此,群体成员更倾向于对大多数意见而不是少数意见有反应。这一点已多次在所罗门·阿希1956年所做的顺从实验的不同顺应情况中显示出来。

▶ 不顺从的人在何时会影响群体?

群体并不是完全拒绝新观点,有时会受到少数人观点的影响。如果大多数人没有持有强烈的反对观点,同时也不受个人或情感的影响,这个群体就不会拒绝新观点和少数人的观点。此外,如果少数人群体坚持自己的立场,这比他们不坚持自己的立场的影响更大。再者,在讨论的即时后果和公共场合中,似乎更强烈地受大多数人的影响。由于出现偏差会付出社会代价,所以人们趋向于顺从公众。然而,随着时间的推移,或许当产生新观点的根源从记忆中消失,新观点便表现出更大的影响力。这也许可以解释出为何极权政府大费周章地压制异议。他们意识到即使是不受欢迎的观点,也会随时间的推移对人们产生相当大的影响。

▶ 所有群体所起的作用都一样吗?

虽然有必要对群体的价值观、行为进行统一,但是群体中的成员并不都是可以互换角色的。很多群体都有角色分工。例如,在工作环境中,每个雇员都有特定的任务和职责,在群体中的作用也会根据地位有所差异,并且在多数群体中存在某种程度的地位等级。换句话说,某些角色会比另一些角色拥有更多的权力和威信。

▶ 威尔弗雷德·比昂是谁?

威尔弗雷德·比昂是研究群体心理治疗的先驱者之一。他承袭了精神分析学家梅兰妮·克莱茵(Melanie Klein)的观点,认为群体的心理与个人心理是相类似的。与之前的很多人一样,他也曾被群体过程的原始特征——即群体时常表现出回归行为和情绪失控的行为——所吸引,因此,他使用了很高深的情感生活理论。这对现代读者来说略显怪异,但是他对群体动力学提出了很有

价值的见解。

比昂认为，群体心理的原始特征与个体心理的是相一致的。不成熟的或更原始的心态是以极端的或者对立（好/坏，爱/恨）的方式进行思考的。而一个成熟的心态却能够理解事物的复杂性，能够看出人是好与坏兼有的。也就是说这个世界是介于"灰色区"（介于两个对立面之间的范畴）；并不单单是黑白分明的问题。同理，如果以个体回归至不成熟的思维模式这一同样的方式思考的话，群体也会偏离"灰色区"轨道，而走入极端。

▶ 分裂是什么意思？

比昂最有价值的贡献之一是群体分裂的概念。群体分裂是指群体分裂为敌对派别，他们各自代表着他们共同经历的不同部分。有很多例子可以说明这一点。想要进行改变的群体部分与想要保持不变的群体部分产生分裂。群体内部的一名领导者的追随者与其对手的追随者产生了分裂。也有可能是一名有争议的群体成员的支持者与其反对者之间产生了分裂。这些分裂可能会演变为敌对性的，过去和谐的群体可能突然爆发内战。在日常生活中的某一时刻，每个人都会经历这种分裂，可能是工作情境下的冲突、家庭冲突甚至是宗教团体的冲突。

重要的是认识到这些分裂反映了一个群体的动态，而不是简单个人行为的结果。当人们能够将这些破裂看作是一个群体过程，而不是行为不端的个体所犯的错误时，他们便能减少不可避免的埋怨和指责，并努力恢复群体的凝聚力。

▶ 分裂与群体极化有何相关？

群体极化是指群体比个体更倾向于采取更极端的立场。这是由于多种因素导致的。社会压力的作用显然是一个重要因素。利昂·费斯廷格指出，人们将自己的立场与同伴的相比较，然后采取行动以避免偏离群体规范。这将推动群体整体走向更极端的立场。其他研究者，像尤金·伯恩斯坦（Eugene Bernstein）和阿米拉姆·维诺库（Amiram Vinokur）提出，与仅仅依赖于自己的知识的个体相比，群体讨论中搜集的大量的共享信息使群体对他们的见解更有信心。然而，甚至当群体成员没有共享信息的时候，群体极化也会发生。我们可以看出群体极化的过程是如何加剧分裂的。群体内部一旦发生裂痕，新分裂的两个群体就会分化为极端的立场。当然,这种情况只会加剧分裂。

偏见与种族主义

▶ 我们如何定义偏见与种族主义?

偏见与种族主义反映了群体心理的一些消极方面。由于历史上它们已给人类造成了巨大的痛苦,所以极有必要了解它们是如何运作的。偏见与种族主义都是指对一个群体中人们的消极看法,之所以有这些消极看法只是因为它们归属于那个群体。鲁珀特·布朗将偏见定义为一种贬损的态度、消极的情绪或者对群体外成员的歧视行为。种族主义是偏见的一种特殊形式,包括针对一个民族群体成员的有偏见的态度或行为。对种族的定义某种程度上是可变的,但是通常是指发源于特定大陆的一个人种,如非洲人、欧洲人或亚洲人。社会心理学家长久以来对偏见这一现象很感兴趣,在这方面作出了很大贡献,帮助人们了解了偏见。

▶ 什么是成见? 它与社会偏见有何关系?

成见与偏见相伴。用于社会科学中的"成见"这一词汇于1922年首次由记者沃尔特·李普曼(Walter Lippman)提出。在此之前,这一词语已在印刷行业中使用,意思是"刻板模式"。当我们对人抱有成见时,我们会依据标志某一特定群体成员资格的一个特征而将一系列的特征加在他们身上。现代常见的成见如亚洲人勤劳好学、西班牙人有男子气概、图书馆员性格内向。根据定义,成见是有局限性的,忽视了每个人的个性。他们同意参与消极和贬损的假设。当这种情况发生时,成见就混杂在偏见中。当然,偏见很大程度上取决于成见。你不可能说你讨厌柬埔寨人,除非你对他们是什么样的人有些成见。

▶ 我们的分类倾向如何促成了成见?

将我们的经历划分为不同类别的倾向是人类认知的一种基本的、普遍的方

面。我们创造概念以便理解我们在环境中所遇到的无尽的复杂事物。这是人类思维的一个必要组成部分，使我们能够高效快速地处理信息。如果我们不进行分类，我们的整个生活就会乱成一团麻。在社会类别中，我们将人类进行分类。

社会分类是我们社会生活的重要组成部分，早在婴儿期就明显地表现出来。研究表明，婴儿能够根据性别、年龄和熟悉程度来辨别人。人们也能够本能地辨别出哪些是群体内成员（做这种辨别的人必须是群体内成员）、哪些是群体外成员。此外，人们往往使群体内的差异最小化，使群体外的差异最大化。最终，人们倾向于对群体外的评价比群体内的评价负面性更大。这样，社会分类一般很容易促成成见，特别是消极的成见。

▷ 成见对人们的理性思维有何影响？

成见产生了自动、无意识的偏见，这些偏见影响着人们做决策。人们经常认为他们没有以一种成见的方式进行思考，认为他们对各个群体外的看法是基于可靠的信息的。同样，即使面对矛盾的信息，成见也经常是相当持久的。这种情况的发生是因为人们喜欢能够证实成见的信息，更容易忽视或无视与成见相矛盾的信息。

此外，成见经常是利己的，帮助强大的群体内的人使他们的特权地位（相对于群体外的人的弱势地位）合理化。几个世纪以来，妇女都被认为是感性和幼稚的，非洲裔美国人都被认为是懒惰和愚蠢的。最近，同性恋被描述为性掠夺（因此威胁到我们的学校和军队）。

这种观点是为了把这些群体外的人从权利和特权中排除出去的做法合法化。然而，不是所有的成见都根深蒂固，在某种程度上也是可变通的。我们成见的倾向也可以通过环境中的信号来塑造。例如，发给研究的受试者信号要他们将注意力集中在性别上，他们就会在性别成见方面进行思考。当性别信号消除时，这一倾向就不太明显了。

▷ 成见对套用陈规有什么影响？

消极的成见对套用陈规有着快速、普遍和破坏性的影响。在实验室做实验时，人们配合他们的成见开始行动，即便这一成见是他们的主观臆断。在现实生活中，人在一生中不断地遇到成见，人们会轻易地内化负面的信息。事实上，人们必须努力奋斗，为的是不让别人用有成见的眼光看待自己，并以不让别人觉察的方式采取行动。20世纪40年代，由肯尼斯（Kenneth）和玛米·克拉克（Mamine Clark）进行的一项著名的研究就显示了种族偏见对非洲裔美国儿童自我意识的影响。

▶ 群体间关系与社会偏见的理解有何相关？

归根结底，社会的偏见是与群体间关系相关的。人们对别人抱有偏见，是由于他们在某一特定群体中的成员资格。了解群体间的动力学有助于理解社会偏见。

▶ 群体间纷争的主要原因是什么？

这个问题难以回答，有关群体间纷争的原因有很多种理论。令人遗憾的是，没有一个理论能完全解释不同群体间的关系。有一种理论认为，社会偏见是由于被剥夺了所需的资源所造成的挫折感引起的。另一种观点认为，当群体间的目标相冲突时，他们会互相贬低对方。其他研究指出，群体认同的本质本身推进了群体间的紧张局势。只要人们将自我认同为一个群体的一部分，他们便会消极地看待其他群体。

▶ 群体内的沙文主义是自然的吗？

人们对自己所在的群体更加偏袒的能力似乎是一种自然的人类倾向。在许多研究中，人们往往认为自己的群体与其他群体相比具有更积极的特征。这一点在不同的文化中得以证明。1976年，玛莉莲·布鲁尔（Marilynn Brewer）和唐纳德·坎贝尔（Donald Campbell）发表了一项有关非洲东部30个部落的调查情况。他们要求调查对象对自己的部落与其他部落的一系列特征进行评价。30个部落中有27个部落评价自己的部落比其他任何部落更积极。

群体内的偏袒或沙文主义也可在实验研究中见到。在一系列发表于20世纪50年代和60年代的经典研究中，穆扎费与卡洛琳·谢里夫（Carolyn Sherif）

▶ 肯尼斯和玛米·克拉克是如何使用娃娃来证明种族主义对美国黑人儿童的自我意识的影响的?

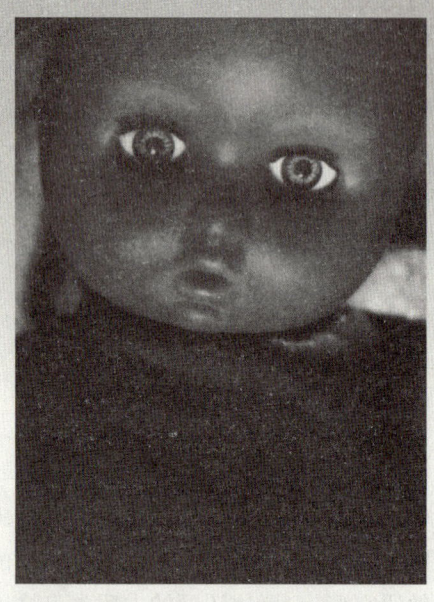

在20世纪40年代进行的研究表明,黑人儿童似乎更喜欢白人玩具娃娃,这一发现有助于黑人在美国最高法院在一个取缔学校种族隔离的案例中取得胜利。(图片来源:iStock 图像)

肯尼斯(Kenneth)和玛米·克拉克(Mamie Clark)在20世纪40年代进行了研究,调查种族主义对美国黑人儿童自我意识的影响。他们给受试儿童准备了两种类型的塑料婴儿娃娃。除了肤色,娃娃是相同的,只是一些是白人娃娃,一些是黑人娃娃。如预期一样,受试儿童都能够区分出娃娃的种族。更重要的是,受试儿童更喜爱白人娃娃而不是黑人娃娃,认为白人娃娃具有更积极的性格特点。此外,在要求他们画自画像时,许多孩子都会把自己的肤色画得比实际的白很多。这一研究在1945年美国堪萨斯州的托皮卡市(Topeka, Kansas)的最高法院案件——布朗对教育委员会案中被使用。在这个具有里程碑意义的案件中,美国最高法院宣布了在公立学校中实施种族隔离是违反宪法的。

和他们的同事招募了一组12岁的男孩参加的夏令营。这些男孩被分为两队,然后在激烈竞争的游戏中互相对抗。伴随这些游戏发生的是这些男生显示出很明显的群体内沙文主义。他们始终认为自己所在的团队比另一个表现得更加出色。此外,90%的男孩在他们所在的团队中辨认出了他们最好的朋友,即便是在分组之前,许多人已有的好朋友分在了另一组。在某些情况下,在分组后,贬低群体外的行为就立即开始了,甚至是在竞争游戏开始之前。

▶ 群体目标是如何影响群体间关系的?

群体间冲突的一个重要理论强调了群体目标的作用。当两个群体的目标彼此冲突时,紧张的局势就可能升级。此时,群体沙文主义就揭开了序幕,人们会在美化自己的群体时,开始夸大对另一群体的负面评价。多项研究表明,觉察到的两个群体间利益的冲突既会加深对群体外的消极看法又能提高群体内的凝聚力。由于这种紧张关系升级,群体间会进一步分化,采取更加极端的立场互相对抗。群体外变得邪恶并且图谋不轨,而群体内仍然保持道德体面和行为正当。我们可以通过许多政治局势看出这点,例如,为争夺同一块土地,以色列人和巴勒斯坦人目前仍处于僵局之中。另一方面,当群体拥有共同目标时,群体彼此间的紧张局势及群体沙文主义就会减少。

▶ 拥有相同的目标会提高群体间的关系吗?

减少群体间偏见的一个重要方法就是引入共同的目标。在上面提到的夏令营实验中,当团队合作向共同的目标努力时,对另一团队的侵略行为有所减少,群体内部偏袒行为也会减少。其他一些研究也显示出类似的效果。然而,如果成功实现共同的目标会发挥好的重要的作用的话,失败则可能再次掀起紧张局势,尤其是如果群体间先前曾有过冲突历史或竞争的话。这就好像是群体会因为失败而相互责备一样。

▶ 剥夺是从何处而来的呢?

群体间攻击行为的最早理论是由约翰·多拉德(John Dollard)于1939年提出的,理论强调了剥夺的作用。群体由于感到被剥夺了他们的基本需求而产生愤怒。这种侵略行为随后会发泄在他们所认为的剥夺根源上或是一个便捷的目标上,即替罪羊身上。后来的作者,如伦纳德·伯克维茨(Leonard Berkowitz)和泰德·罗伯特·格尔(Ted Robert Gurr)修订了这一理论。群

体间侵略行为的出现与其说是由于实际的剥夺,不如说是相对的剥夺。换句话说,重要的不是人们实际上拥有多少,而是相对于规则或期望他们认为自己应该拥有多少。这一概念与金钱和幸福之间的关系的研究是一致的。在这两种情况下,我们的情感反应往往偏向我们相信自己应该所拥有的事物而不是实际所拥有的事物。

▶ 剥夺的规范是如何发展的?

我们认为自己应该拥有的事物的规范是如何发展的呢?在一定程度上,我们的规范是根据以往的经验建立的。每况愈下的群体会对其他群体产生侵略行为。然而,如果比较哪一个群体的根源更强大,似乎会是其他群体。相对于他们周围的其他群体,感到被剥夺的群体可能产生愤怒情绪,从而导致内乱。此外,里夫·维尼曼(Reeve Vanneman)和托马斯·佩蒂格鲁(Thomas Pettigrew)在1972年发表的一篇论文中,对群休剥夺和利己主义剥夺做了区分。

在群体剥夺中,人们感到相对于其他群体,他们自己的群体被掠夺了。在利己主义剥夺中,人们感觉是作为个体而不是作为群体成员被剥夺的。一些研究表明,群体剥夺的感受与社会偏见有着强烈的相关性。然而,双重剥夺的感受是作为个体和群体成员来说都是被剥夺的,这就导致了最高程度的社会偏见。

一个男人为抗议学校里的种族主义而游行。研究表明,若给予群体平等的社会地位、共同的目标和当地政府的支持,群体间的紧张局势便可缓解。(图片来源:iStock 图像)

▶ 寻找替罪羊的做法从何而来?

当寻找替罪羊做法发生时,强大的群体就会把其侵略的行为施加在弱势群体上。实际上,群体将他们遭受的任何挫折而产生的愤怒情绪发泄在一个便捷且毫无自卫能力的目标上,这一过程是指在群体间寻找替罪羊。主要研究精神分析的群体理论家也探讨了群体内寻找替罪羊的做法,这可能是另一种情况。

虽然寻找替罪羊并不能对所有的社会偏见进行解释,但我们也可以想到一些例子。其中一个例子就是第一次世界大战后希特勒(Hitler)和纳粹主义(Nazism)在德国的崛起。德国战败,紧跟着是《凡尔赛条约》(Treaty of Versaille)所施加的苛刻的惩罚条件;这破坏了德国经济并使曾经骄傲的民族遭受到了羞辱。在努力重建德国的骄傲与群体认同的过程中,希特勒把犹太人当作替罪羊,将德国的所有问题都指责到他们头上,最终导致的结果就是纳粹大屠杀。

寻找替罪羊的另一个例子是由卡尔·霍夫兰(Carl Hovland)和罗伯特·西尔斯(Robert Sears)于1940年进行的研究,他们调查了棉花的价格与1882—1930年间美国南部的黑人私刑数量的关系。他们发现它们之间有负面或逆相关关系:私刑的数量随着经济衰退而增加。

▶ 如何减少社会偏见?

考虑到我们的世界的多样化和多民族化,对减少社会偏见的方式进行了解是非常重要的。在20世纪50年代,戈登·奥尔波特(Gordon Allport)提出了群体间接触假说。这种观点认为,积极条件下的群体间接触可以减少社会偏见。其必要条件包括:对共同目标的合作、群体间的平等地位、当地政府及文化规范的支持。此后大量的研究支持了这些观点。斯蒂芬·赖特(Stephen Wright)和唐纳德·泰勒(Donald Taylor)在2003年发表的一篇评论性文章还指出了上级群体身份的有效性。换句话说,不同的群体能够作为一个大群体的一部分聚集在一起。例如,作为一个社区的一部分或全人类的一部分。

▶ 不同群体的友谊可以减少社会偏见吗?

与不同群体成员的积极的情感经历也可以减少消极的成见。不同群体中有亲密朋友尤其有效。可能有几个原因说明这点。首先,几乎不可能对你熟悉的人总是有简单、消极的成见。其次,亲密的关系可促进对他人及他们所在的群体的认同。换句话说,你同他人的关系是对你的部分认同。这就是我们所说的把

他人包括在自我在内，这一概念是由斯蒂芬·赖特、阿瑟·阿伦（Arthur Aron）和他的同事提出的。

道　　德

▶ 心理学家是如何理解道德的？

道德涉及正确与错误的判断。道德是由我们的理性（即认知分析）和我们的情感反应决定的。心理学尝试引入一个科学的制高点来研究道德。心理学研究的重点是道德决策和判断的过程，而不是决定什么是道德的以及什么是不道德的——道德决策的内容：人们如何决定什么是在道德上可接受的，什么是不可接受的？

▶ 心理学可以确定道德选择的内容吗？

简而言之——不能。做出道德决策不包括在心理学的范畴内。道德最终探讨的是价值问题，即什么是正确的以及什么是错误。心理学是一门科学，因此不涉及价值的领域。价值归属于哲学或宗教。然而，心理学可以提供有关各种行为是如何影响他人的信息，即有关各种选择的心理影响的信息。反过来，这种信息促使个人和社会做出明智的道德决策。与此相关的，我们可以研究道德选择和道德发展的过程：人们如何做出道德决策，对不同的人道德的意义如何。但愿这也可以帮助人们提高他们的道德决策能力，以便他们做出合理、成熟以及有益的道德决策。

▶ 道德与社会群体有何关系？

没有道德就没有群体生活。道德像胶水一样，将群体聚集在一起。如果每个人只是出于自我利益而不考虑其他人或整个群体的幸福而付诸行动的话，该群体将迅速地四分五裂。人类已经进化，具有强大的自我保护和自我改进的动机和欲望。绝大部分的动机完全是自私的；我们的欲望、愤怒和恐惧起到了促进我们的个人利益的作用，但往往是以牺牲他人利益为代价。有时，会爆发可怕的剥削他人的行为，甚至对他人的暴力行为。但另一方面，人类也进化为社会性的动物。我们强烈地关注社会组织，我们的大部分情感发挥着社会功能的作用。连同我们的利己动机，也进化了道德能力。从某种意义上说，我们必须平衡个人利益与他人利益的关系，这深深地编码在我们的基因中。

▶ 道德具有什么样的进化基础?

早期的道德研究者，如让·皮亚杰（Jean Piaget）和劳伦斯·科尔伯格（Lawrence Kohlberg）主要侧重道德发展的智力研究方面，他们研究道德判断中理智的作用。卡罗尔·吉利根（Carol Gilligan）对这种狭隘的研究提出了异议，并强调了同情和关怀的重要性。最近期的心理学家，像史蒂芬·平克（Steven Pinker），强调了人类道德的进化方式。在2008年的一篇文章中平克指出，一些我们最强烈持有的道德立场可能没有任何理智或同情的基础。例如，许多人在听到以下事件后都会有惊恐的反应：成年的兄妹在双方同意的情况下发生乱伦，狗主人在狗自然死亡后将其吃掉，房主将美国国旗裁剪后用作擦灰尘的抹布。[这些场景是由心理学家乔科诺森·海德特（Jonathan Haidt）最先描述的。]

通过类似的研究，心理学家得出结论：在某些情况下，进化已经把我们对某些情形做出厌恶或恐惧情感反应的倾向刻印在我们的头脑中。这些情形具有重大的进化意义，随着时间的推移会产生破坏我们的物种的行为。例如，为了保护基因库的多样性，禁止动物近亲交配；对吃自己的家庭成员（我们的宠物已成为家庭的一员）的厌恶明显有益于亲属的生存。这表明，我们已经进化了一定的道德本能。

▶ 道德本能有哪五种分类?

对不同文化的研究表明了道德判断这一不变的主题，存在很大的文化差异。有关道德的一般分类，乔科诺森·海德特提出了五种类型：伤害/关怀、群体内/忠诚、权威/尊重、纯洁/神圣和公平/互惠。在不同的文化中，人们一想到无辜

的人受到的伤害，就会表示出不满与悲伤。背叛自己的团体同样也会受到消极的评判。尊重权威和公平对待团体成员的价值观似乎也具有文化的共性。纯洁/神圣的分类与厌恶情感有关，涉及有关饮食规律、性行为、排尿、排便和其他类似问题的道德判断。

▶ 我们如何解释人们道德信念的极端变化？

对人类坚决地否决道德选择的认识并不需要太多的生活经验。当今有关堕胎和同性恋婚姻的争论表明，针对道德观念的平等性，人们可以持有完全相反的观点。理解这一观点的方法是，不同的人与不同的群体对道德的五种分类方式的理解不同。例如，群体主义文化比个体主义文化更尊重权威，个体主义文化更看重公平。这种观点可以解释传统的伊斯兰文化与西欧文化强烈的差异。争端源于2005年一幅画有先知穆罕默德（Mohammed）的丹麦卡通画，伊斯兰方认为这是漫画家嘲讽伊斯兰教先知（群体内/忠诚和权威/尊重）的道德越轨行为，但欧洲人认为漫画家有不惧怕（伤害/关怀）暴力的自由表达思想（公平/互惠）的道德权利。

▶ 政治上的自由派与保守派在理解道德的方式上有所不同吗？

对道德五种分类的态度也会影响政治信仰。在网上进行的一个大型研究中，乔科诺森·海德特和同事发现，如果将自由派和保守派进行比较，会发现自由派比保守派更重视危害/关怀和公平/互惠，而保守派则比自由派更重视权威/尊重、群体内/忠诚和纯洁/神圣。甚至在说明了年龄、性别、教育和收入的影响后，这些差异依然存在。

▶ 道德与推理能力有何关联？

用理性或认知分析情境的能力是道德判断的重要组成部分。早期研究道德发展的理论家，如皮亚杰（Piaget）与科尔伯格（Kohlberg），强调了道德在成熟认知发展中的重要性。两个具体的认知技能包括：采用他人观点的能力（从别人的角度考虑问题）和识别抽象规则的能力（对许多情境进行概括得出的）。

尽管科学证据表明人类对道德判断具有普遍性的倾向，但道德观在整个历史上还是发生了巨大变化。我们所认为的非常不道德的事情并不总是如表面看上去那样。古希腊人将他们的道德建立在荣誉观的基础上，这关系到一个人的勇敢和力量的荣誉。为了追求荣誉，即使对整个城市进行血腥屠杀也是完全可以接受的。事实上，在19世纪的美国，奴隶制度并不被认为是不道德的。此外，许多曾经被认为是非常不道德的行为现在很多人也并不这样认为了。婚前性行为仅在几十年前还被视为是非常不道德的行为，而现在普遍认为是可以被接受的。同样，人们对权威的公开分

The death of Hector.

该图描绘的是希腊英雄阿基里斯（Achilles）在战争中击败赫克托（Hector）的情景。在远古时代，道德是建立在荣誉观基础上的，而杀死其他人往往被看作是一件光荣的事情。这与现今的道德观形成了鲜明对比。（图片来源：iStock 图像）

歧的容忍度比过去大得多。如果我们依据乔科诺森·海德特的五种道德分类来考虑这些变化的话，我们可以发现西方社会对公平/互惠的考虑已经提高，而对权威/尊重与群体内/忠诚的考虑却减少了。

许多哲学家的一些道德观点也反映出许多类似观点。例如，德国著名哲学家伊曼努尔·康德（Immanuel Kant）提出绝对必要的概念，指的是认识到普遍有效的行为规则的重要性。当然，黄金规则"己所不欲，勿施于人"认为我们可以从别人的角度考虑问题。就像发展心理学家所发现的那样，这些认知能力在整个童年发展缓慢并将持续发展到成年阶段。因为儿童的抽象思维能力和观点选择能力发育不成熟，因此对于儿童的道德标准评判不能与成人相同。

▶ 道德与移情作用有何关联？

移情作用是我们道德反应的中心部分。我们有感受他人痛苦的能力，并会想象如果我们遇到相同情况会怎样的痛苦，这是我们关怀他人幸福的基础。缺少移情的人，如精神病患者或患有自闭症的人，会表现出不道德的行为。移情或理性分析在多大程度上影响我们的道德决策取决于当时的情况。如果我们的决定将要影响到那些我们有过直接、私人接触的人，我们很容易受到移情和情感的左右；而对于那些我们没有直接接触、感觉比较陌生的人，我们就不易受到移情

如果拯救电车轨道上5名工人的唯一的方法就是将电车转到另一轨道上，这样就仅会杀死这条轨道上的1个人，你会让电车改道吗？（图片来源：iStock 图像）

对"电车困境"进行的一系列的研究,源于哲学家菲利帕·福特(Philippa Foot)和朱迪思·贾维斯·汤姆森(Judith Jarvis Thomson)首先提出的一个道德困境。它描述的是,一辆电车由于司机失去知觉而在轨道上失控了。如果不采取措施,这辆电车将会撞上5名工人,因为他们没有注意到迎面而来的电车。你可以通过转动铁路的转辙器将电车转向另一条轨道上来拯救这些工人。然而,在另一条轨道上也有1名工人。你会转动转辙器牺牲这名工人的性命来拯救另外5人吗?

在这种情况下,大多数人都说会这样做。从纯粹理性的角度来看这似乎有道理。然而,如果还有一种方法可以拯救这5名工人,就是把一个块头大的人推到轨道上挡住电车,大多数人都会说他们不会这么做。如果我们与我们伤害的人接触密切,我们的道德决策可能更多地基于感性而不只是理性。同样,功能磁共振脑成像结果也说明,当人们考虑这两种方案时,对不同方案的思考,大脑的不同部分会被激活。

和情感的影响。对"电车困境"的研究表明,外部境遇影响到人们在做出道德决策时,是受移情和情感的左右还是受理性支配。

▶ 大脑的哪些部分与道德反应有关?

如上所述,道德判断涉及情感与认知两方面,这两个方面哪一个重要依据特定情况而定。乔舒亚·格林(Joshua Greene)、乔科诺森·科恩(Jonathan Cohen)和他的同事要求受试者在进行功能磁共振脑成像时考虑电车问题和与此类似的情景。研究者将他们的道德困境分为个人道德情景与非个人道德情景。

要求直接杀死某人(即将一个块头大的人推到电车前)的电车情景属于个人道德情景的例子;而没有要求与被杀的人有直接身体接触(即转动转辙器)

的电车问题属于非个人道德情景。当人们考虑个人道德情景时,内侧额叶和前扣带区域被激活。内侧额叶区域与处理人际关系和移情作用有关。前扣带区域与处理大脑各部分的矛盾信息有关。当人们考虑非个人道德情景时,最活跃的是背外侧额叶区域。背外侧额叶区域参与了理性思维和分析。

这表明,我们的行动所付出的人类代价越少,我们的道德决策则更多地依据残酷的理性分析,而不是直觉情感。这种理性的道德决策被称为功利性判断,涉及对损失/效益的分析。

◉ 儿童在多大年龄开始理解道德问题?

儿童大概在学龄前4岁左右,开始对道德有了粗略的认识。他们对正确与错误的最初认识是相当粗略的,主要来源于成人的教导或造成惩罚的行为。几年后,大概在儿童7岁时,他们开始了解管理行为的普遍规则有多重要。最初,他们用简单和死板的方式来使用规则("哦,你说了'愚蠢'! 你不应该说'愚蠢'!")。随着时间的推移,他们逐渐对规则的目的有了更好的认识。尽管如此,对别人的情绪做出反应的能力早在婴儿期就很明显了,甚至4岁的孩子就能辨别出真正起到道德目的的禁令(如保护人们免受伤害)和那些仅是表现出偏好的禁令(如不许坐在沙发上)之间的差别。

◉ 劳伦斯·科尔伯格的道德发展方法是什么?

劳伦斯·科尔伯格(Lawrence Kohlberg)是道德发展领域的先驱。受皮亚杰的影响,他对道德推理进行了大量的研究。与皮亚杰一样,他对智力的发展方式,也就是推理能力在整个发展中的变化很感兴趣。科尔伯格采用了小场景的方法。他详细记叙了一个道德困境的情景,并将此情景呈现给他的研究受试者。他最有名的场景是,一个名叫做汉斯(Heinz)的人为了挽救妻子的生命闯进一家药店偷药。根据他的研究,科尔伯格将道德发展分为3种水平:前习俗水平、习俗水平和后习俗水平。每种水平各有2个阶段,共6个阶段。

第一种水平,即前习俗水平,最常见于10岁以下的儿童。在这种水平上,道德是由人们采取行动的后果决定的——不论个体遭受的是惩罚还是奖励。在第二种水平上,即习俗水平,行为的道德是由其对社会关系的影响决定的。在第

金融家伯纳德·麦道夫（Bernard Madoff）设计了历史上最大的庞氏骗局。虽然麦道夫在他的圈子内广受尊敬，对家庭也有责任感，但他却骗取了他的朋友、家人、同事以及很多慈善机构，约合500亿美元。麦道夫能证明自己的行为是正当的吗？我们无从知道，但我们可以想象他心里很清楚。然而，我们确实知道人们一直认为自己所做的道德越轨行为是正确的、合理的。事实上，我们特有的认知本质会天生容易地证明明显违背我们的道德准则的行为是正当的。

认知从来不会孤立于情绪

在被控告犯有设计庞氏骗局诈骗客户数百亿美元后，丢尽颜面的伯纳德·麦道夫被联邦特工带走了。像麦道夫一样已经取得成功并受人敬仰的人该如何解释这样的行为呢？［图片来源：美联社/WideWorld图片库（AP/WideWorld）］

而存在。情绪会使我们的每一个想法发生偏差，而大部分时候我们却意识不到这种情况。换句话说，情绪使我们对事件的理解产生偏差；我们倾向于以与我们的情绪一致的方式感性地理解重要的事件。此外，像其他任何情绪一样，欲望会影响我们的思维。如果我们希望某事是真实的，我们经常说服自己相信这是真实的。这就是为什么对我们的行为进行某种形式的外部抑制一般来说是必要的，极少有人能做到监督自己。

三种也是最后一种水平上,即后习俗水平,人们对正义的抽象概念和公正的社会感兴趣。科尔伯格认为,所有的儿童都以相同的顺序经历这些相同的连续阶段。大量的研究支持了这一观点中的前两种水平,但第三种水平的科学证据显得薄弱很多。科尔伯格还对成年人的道德推理感兴趣。事实上,研究表明,不同的成人在道德发展的不同阶段具有不同的特点。

▶ 卡罗尔·吉利根向科尔伯格的道德发展方法提出了何种挑战?

卡罗尔·吉利根认为,科尔伯格的理论有偏向于男性化的观点。她认为科尔伯格所强调的抽象思维和客观规律反映了重视思维、轻视情绪的典型的男性偏见。吉利根称,女性更可能比男性注重情绪和人际关系,因此,更有可能在第三阶段(习俗道德水平的第一个阶段)上得分。这并不意味着女性比男性的道德水平低,只是她们的道德判断方式区别于男性。事实上,女性是以"不同的声音"做出道德决策,吉利根在1982年出版的一本书的书名就用了这个标题。虽然吉利根的批判提出了科尔伯格完全侧重智力的重要观点,但她也由于过于简化女性道德推理方式而受到了批评。其他研究表明,与男性相比,女性更不可能在第三阶段上得分。一般情况下,女性和男性都会在做道德决策时考虑公正与移情的作用。

工作场所的心理学

▶ 群体动力学是如何影响工作场所的?

在工作场所,也许是我们最容易受到群体动力学波动影响的地方。办公室权术、领导能力、生产力、工作人员的整体士气——所有这些都会影响群体的进程。专门针对工作场所这一领域进行研究的群体动力学称为组织心理学。

▶ 什么是组织?

组织就是指为了共同的目标有组织地聚集在一起的群体。虽然组织也可以指为了共同目标而团结在一起的任何一个群体（例如，宗教、社会、社区组织），但在工作场合这一层面上，组织是指为了有报酬的工作而联合在一起的群体。

▶ 组织有何区别？

区分组织有两种重要的方法：规模与等级差别。组织的规模可以很小（像只有5人的初创小公司），也可以规模宏大（像拥有3万员工的国际集团）。规模小的组织往往多是非正式组织，而规模较大的组织依靠的是强大的政策与标准化的程序。

组织也可根据等级来区分。在非等级组织中，成员之间没有权力差异。其中一个例子就是合作社区或者贵格会宗教社团。在这些完全没有等级的组织中，只能协商一致，才能做出决定，直到整个组织达成一致才能做出决定。等级化的组织从下而上地筹划决策与权利。下属报告上级后，上级再向自己的上级报告。这条链条一直在等级中持续着，直到报告给最高首脑。等级分明的组织包括美国军方和天主教教会。大多数工作组织都介于等级与非等级这两个极端之间。然而，多数大型商业机构都具有等级分明的结构。

▶ 什么是组织心理学？

组织心理学是对工作组织内的人类行为和关系的研究。组织心理学家研究的是组织结构如何影响公司业绩、生产力、士气以及员工之间的人际关系。虽然组织心理学家对个人的特质与行为感兴趣，但他们也致力于宏观研究——组织的群体动力学是如何影响组织业绩的研究。因为大公司最频繁地了解这类信息，所以大多数组织心理学的研究是在很传统的企业环境中进行的。尽管如此，组织心理学的真知灼见仍能有成效地应用在一系列大型的工作环境中。

▶ 什么是组织心理学的经典的组织理论？

组织心理学的经典理论可追溯到19世纪末。在大规模工业化的时代，早期组织结构理论家的目的就是要复现如调好的机器那样精确的组织机构。弗雷德

里克·温斯洛·泰勒（Frederick Winslow Taylor）提出了科学管理的概念。他认为，实证科学的方法应该适用于工作场所的工程效率。他的研究影响了工厂组装生产线的发展。这一领域的另一名先驱是德国著名社会学家马克斯·韦伯（Max Weber）。尽管泰勒侧重的是任务结构，而韦伯注重的是权力结构。韦伯将一个组织等级化的官僚制度的精确控制理想化。他的目的是为了使员工的行为和公司政策标准化，成为一个完全客观的、受规则约束的系统。

▶ 人的因素起什么作用呢？

韦伯和泰勒的组织模式都将工作场所视为机器。工人就是车轮上的齿轮，其动机和士气对工作场所的运作意义不大。事实上，泰勒认为工人没有工作的内在动机。倒不如说，他们的工作业绩只能靠胡萝卜（即报酬）和棍棒（不良行为的消极后果）激发。同样，韦伯强调将官僚规则中理性和客观的本质看作是非理性、情绪冲动的解药。

作为对这种极为非人性化模式的回应，引发了一场运动。人类关系方法认识到，人们的动机是受到他们的情绪和社会需求以及金钱回报激发的。而忽视人的因素的组织疏忽了驱动人们工作的这一部分因素。著名的霍桑研究（Hawthorne studies）所发现的令人惊讶的结果促成了这场运动。然而，尽管侧重于员工的情绪经历成功地提高了员工的士气，但是研究表明，这对生产力的影响并不大。这一方法的最新版本，即新人类关系学派认识到，管理人员应该既要关注工作业绩，又要关注工作生活的社会情绪方面。

▶ 系统方法包括什么？

系统方法形成于路德维希·冯·贝塔朗菲（Ludwig von Bertolanffy）于1967年进行的一般系统理论的研究。这种观点认为，与其说组织像机器，不如说像生物体。系统是由相互作用的子系统（例如，部门、分支、工作群体、团队）组成的，子系统之间的关系构成了系统的结构。因此，系统理论特别注重工作环境下的个体与群体之间的关系。尽管经典的组织理论认为组织内所有成员都拥有共同的目标，但是系统理论认为不同的子系统可以有不同的利益与工作事项。

▶什么是"霍桑效应"？

在20世纪20—30年代，在美国芝加哥的西方电力公司所属的霍桑工厂进行了一系列研究。实验是针对弗雷德里克·温斯洛·泰勒提出的科学管理理论进行的。实验者以多种方式来操控工作条件，以便确定什么条件能更好地提高生产力。他们注意房间的温度和湿度情况、工作的时间、员工的睡眠量、膳食以及其他各种变量。

实验1—2年后，员工的工作绩效大大改善了。这首先归因于实验操作（例如，改变房间内的光线）。然而，当工作条件回到原来的状态时，这种改善情况仍持续。实验者最终认识到，员工的工作绩效比以前好，主要是由于人的内在因素，而不是由于工作条件的改变。在进行这些研究时，实验者不断征询员工的意见，并十分小心地关注他们工作生活的每一细节。正因为如此，员工感觉受到了重视并被赋予了权利，这才大大提高了他们的工作业绩。

▶办公室权术是什么？

尽管高层管理人员最关心的问题是生产力的问题，但大多数员工感兴趣的却是工作场所的日常生活。办公室权术标志着日常工作生活中不可避免的、有时候非常困难的部分。埃里克·安德里森（Erick Andriessen）与彼得·德伦斯（Pieter Drenth）于1998年发表的评论文章中就讨论了多方模型。多方模型在20世纪70年代成熟，受到马克思主义理论中的关于劳资双方关系的影响。这种方法强调的是组织内部的权利竞争。

▶权力起什么作用？

权力提供了许多特权，特别是极大的控制人的生活的特权，这与生活的满

意程度高度相关。权力还提供了社会地位,这是许多人最终要达到的目的。提高工作场所的权力的途径有几种,包括控制奖励与惩罚(权威)的分配、专业特长或个人魅力的运用。因为对权力的追求有如此强烈、频繁的动力,所以为获得权力甚至获得权力的象征,不同的子系统之间常常会有竞争。

想想不同的部门或分支是如何争夺办公空间、预算控制、聘用决定,甚至是地位象征的私人办公室的。当然,这种竞争可能发生在子系统范围内更小的单位中,如个人或个人联盟。同样,在追求权力或试图维护权力时,人们经常会建立同盟或联盟。个人的联盟网络是办公室权术中功能强大的工具。然而,重要的是认识到这种操纵并不是有意识的,精心盘算的做法可能在这种行为中仅占一小部分。

▶ 等级制度是否影响追求权力的动机?

我们可以推测,在强烈的等级制度中,增强了人们对权力的追求。当权力差异更加显著时,人们就会越来越意识到自己的权力比别人的小,就会由于自己相对缺乏的权力而感到不安。我们从大量的研究中得知,人们对自己现状的满足与否,会强烈地受到社会比较(拿自己与周围的人比较)的影响。

▶ 领导能力有多重要?

对领导者非常重要。大量的文献表明,领导力影响着缺勤、士气、营业额、群体生产力、决策,甚至公司利润。然而,当考虑群体业绩时,并不能完全由领导的素质决定。有时,群体在很大程度上是自主运作的,与积极的领导没多大关系。有时外部的因素,如组织的结构和文化或者更大的经济条件,会约束领导者的影响力。

▶ 能力更强的领导者具备哪些人格特质?

在早期研究者看来,有些人格特质有助于实现有效的领导能力,然而对这些人格特质展开研究,最终却空手而归。因为从给出的矛盾数据中得不出任何确凿的结论来说明,能力更强的领导者具备的人格特质是什么。不过要怎样的

图为拿破仑（Napoleon）在埃及率领他的部队。研究并没有弄清楚什么样的素质造就了优秀的领导者，尽管在动荡时期领袖的魅力可能是有效的素质。（图片来源：iStock 图像）

领导,还是要看具体的工作性质,这似乎是有道理的,因为不同情况对领导者的要求会不同。

▶ 人格魅力发挥着什么样的作用?

马克斯·韦伯(Max Weber)自早期研究以来的一个重复的主题就是领袖魅力这一概念。人格魅力在大多数管理境况下并不一定是必需的,但是在动荡时期却发挥作用,如员工需要得到激励,并在价值观、目标、群体规范这些重要变化的需求方面得到安慰时。这种领导能力被称作变革型领导能力。

▶ 任务型和社会情感型的领导风格有何区别?

任务型领导者注重的是群体完成任务所需的最有效的方法,无论这个目标是最大限度地销售产品,治疗医院中的患者,还是生产大量的小零件。任务型领导者通过阐明群体目标,分配每名员工职责,并清除影响每个目标完成的障碍来实现自己的职能。社会情感型领导者注重的是群体成员的整体士气,这包括要考虑到群体凝聚力和士气,每名员工的情感与需求以及群体内部关系等。研究表明,任务型领导讲求提高效率,而社会情感型领导主要提高员工的满意度。然而,员工的满意度和员工的工作业绩并不总是相关的。因此,大多数组织心理学家得出了结论,领导者应同时注意工作的要求和工作群体的社会情感需求。

▶ 工作场所的结构有多重要?

领导者的任务之一是建立结构。结构是每一个组织的重要组成部分,它扮演的是规则、政策和发挥功能的角色。但是,在结构与灵活性之间很难找到合适的平衡点。不健全的结构会阻碍完成群体目标过程中的高效、协调一致的努力,还会导致混乱、腐败和滥用权力的行为。过度的结构又会导致组织缺乏弹性,难以适应变化或对当地条件的应变性。正因为如此,正式结构的规则之外可能会发展出一个与之相平行的地下系统。这与有些过度控制经济的国家中黑市的产生相类似。

▶ 决策权力在多大程度上可以共享？

决策应在多大程度上与下属共享或是集中给最上层的领导。然而，每个组织都是不同的，因此组织做决策的方法是不同的，可以从高度集中地做决策变化到高度参与地做决策。在参与性决策中，下属会对决策的制订投入很多。研究表明，对决策制订的参与度越高将越会提高员工对决策的满意度，但不一定会转化为更好的群体业绩。因此，研究调查了参与性决策制订什么时候最有用，什么时候不重要。当员工受过高等教育，有智慧，并在各自的领域有相当的专业知识，参与决策的制订是很有效果的。此外，当手头的工作非常复杂并且了解当地情况对决策十分重要的时候，参与性决策就很重要。最后，在危急时刻，当决策的影响力很强的时候，参与性决策也是有用的。

▶ 关于不同领导风格与决策条件之间的匹配研究？

维克多·弗鲁姆（Victor Vroom）与菲利普·也顿（Philip Yetton）在1973年发表的论著中探讨了专制性决策和与之相对的参与性决策各自在什么情况下最有效。他们认为，放之四海而皆准的领导风格是不存在的，领导者必须适应不同的情况。他们列出了影响决策的7个特征，如做决策所需的信息量、决策的意义、员工对决策的支持以及其他相关问题。然后，他们根据7个特征制做出决策的树形图，列出了可能产生的12种情况。针对每种情况，他们列出了5种决策风格（AI、AII、CI、CII或GII），并且指出哪一种风格会适合哪一种情况。CII适合12种情况中的9种，CI和GII适合12种情况中的7种。有趣的是，最专制的2种决策——AI和AII，仅分别适用于第3种和第5种情况。总之，这项研究表明，协商风格比专制风格适用性广泛。

领 导 风 格

专制I—AI	领导做决策时不与下属商议
专制II—AII	领导做决策时与选出的优秀下属商议
协商I—CI	领导与群体成员中的所有个体商议后再做决策
协商II—CII	领导与整个群体协商后再做决策
群体分组法II—GII	群体做决策时将领导作为一名参与者

▶ 什么能够激励员工？

弗雷德里克·温斯洛·泰勒在他的科学管理理论中，采用早期行为主义的方法解释动机。他认为员工没有任何工作的内在动机，实际上人们仅是为了奖励（如薪水）或处罚（如害怕被解雇）而工作。人际关系学说考虑的是员工的情感和社会需求。后来组织心理学家认为人类的动机是复杂的。受到亚伯拉罕·马斯洛（Abraham Maslow）的需求层次论的影响，不同的理论学家提出了有关员工动机需求的多方面理论。1972年，克莱顿·奥尔德弗（Clayton Alderfer）提出员工动机的三部分组成的模型：存在需求（基本生理需求）、关联需要（为取得社会的连接和支持）、发展需求（为实现自己的潜力，类似马斯洛的自我实现需求）。1983年，沃福德（Wofford）和斯里尼瓦桑（Srinivasan）提出了员工的业绩反映了4个因素：能力、动机、角色觉悟和由环境决定的局限性。管理者的工作是解决与之相关的所有问题。

▶ 弗雷德里克·赫茨伯格采用什么方法解释动机？

1959年，弗雷德里克·赫茨伯格（Frederick Hertzberg）和同事发表了他们对美国宾夕法尼亚州一家公司的200名中级工程师和会计师的调查报告。他们询问了受试者工作生活的高潮与低潮。关于高潮，受试者频繁地列出了自己在哪些时候取得成就与获得认可、不断面对新挑战、职位晋升和提升自主权利。关于低潮，受试者抱怨公司的管理与政策决策、没得到的认可、薪水和与上级的关系等问题。

赫茨伯格对这一结果的解释是，对工作的满意是由于工作本身内在的原因（工作本身所固有的因素）造成的，对工作不满意是外在的原因（根据情况）造成的。他将这些见解融入他的员工动机的双因素理论中，又称为激励保健论（motivation-hygiene theory）。多年来，这项研究在不同的环境中被多次重复进行。

一致的结论是，人们将积极的成果归因于内在原因（自身原因），消极成果归因于外在原因。换句话说，我们将成功归因于自己，将不如意的事情指责给其他因素。赫茨伯格的研究结果对组织心理学的研究具有很大的影响。

▶ 管理者应该遵循哪些注意事项?

根据组织心理学、群体动力学和家庭关系的研究文献,我们总结出以下几个方面:

管理者应该做的事情

确定并维持自己在工作群体中的适当界限:

划清子系统界限。确定每名员工的职责并划清不同员工所起的作用、职责和决策范围的界限。

维持群体内与群体外的界限。提供自身工作与外部系统之间的缓冲区。

弄清群体等级。清楚明了谁应该做什么决策以及上报给谁。

识别积极的行为:

奖励积极的行为。口头表扬很有帮助。然而,随着时间的推移,员工需要的不仅仅是口头奖励,例如,员工需要增加薪水以及发展和晋升的机会。

确保员工的职责与他们的掌控力是相称的:

只有职责而没有掌控力很快会耗尽一个人的能力。

倾听员工的心声:

信息需要上、下双向沟通。征求员工的意见,尽力使他们在与你沟通问题时内心感到舒心。

管理者不应该做的事情

选择喜欢的:

个人喜好是不可避免的,但不应该影响你对下属的行为。奖励与惩罚应与员工的行为挂钩,而不是管理者的个人喜好。群体需要管理者的行为是可预测的、公平的。

在需要时不设定限制：

如果员工越规，管理者需要给予回应并纠正该员工的行为。不要担心被人认为是坏人或是不被喜欢。如果管理者的行为是公正和适当的，最终会得到所有人赞赏，即使当时这名员工很不愉快。如果管理者未能设置必要的限制，导致整个群体遭受损失，那么管理者将会失去群体的青睐。

破坏群体等级：

既然群体的等级已划分，就应该遵循。不要给予一个下属不合适的权力而使他的上级的权威遭受损害。如果有人需要得到晋升，应正式地改变等级。

出错时直接下结论：

管理者要确保已调查了情况，这样就可以诊断该问题并公平地分配责任。管理者不能因为对员工的偏见而对出错事件匆匆做出结论。

▶ 不同的人格类型如何适应不同类型的工作？

大量的研究对不同的人格类型如何适应不同类型的工作进行了考察。著名的斯特朗-坎贝尔兴趣量表（The Strong-Campbell Interest Inventory）旨在测出受测者的个人兴趣、人格类型和职业选择。这项测试及其他相似的测试被用在职业咨询中，帮助人们决定未来的职业方向。根据人们的兴趣，将他们的人格特质分为6种维度：实事求是型、研究型、艺术型、喜交际型、锐意进取型和传统型。将测试分数的样本与有着相似样本的职业相匹配。例如，机械师和建筑工人在实事求是型上得分高，生物学家和社会科学家在研究型上得分高，而临床心理学家和高中教师在喜交际型上得分高。此项测试的新改编版本，如坎贝尔兴趣与技能调查表和斯特朗兴趣量表，也已被升级。

▶ 什么是迈尔斯－布里格斯人格测验？

伊莎贝尔·布里格斯·迈尔斯（Isabel Briggs Myers）和她的母亲凯瑟琳·布里格斯（Katharine Briggs）在1962年首次发表的迈尔斯-布里格斯类型指标在职场中十分受人欢迎。基于卡尔·古斯塔夫·荣格（Carl Gustave Jung）的人格类型理论，迈尔斯和布里格斯依据4个二分维度（一对对立组）所得的分数，将人格类型分为16种。

第一个二分维度，外向型（E）与内向型（I），测量的是人们面向外部社会世界或内心想法和反思的程度。第二个二分维度，感官（S）与直觉（N），是指人们搜集信息的方式，即他们是侧重于具体事实还是设法将信息有条理地组织起来形成模式。第三个二分维度，思考（T）与感觉（F），是关于人们做决策的方式，即他们注重的是事实和原则还是人际关系。最后一个二分维度，判断（J）与感知（P），是与人们做出决定的方式有关，即他们喜欢直接做决定还是保持自己意见的开放性，继续收集新信息。

这16种人格类型由它们的首字母缩写（如，ENTJ、INFP、ESFJ）表示，与特定的职业相关联。例如，在外向型（E）得分高的人适合做优秀的销售人员，而感官（S）得分高的人会是一名优秀的机械师。虽然这项测验有良好的直观感受，似乎是有道理的，但却由于缺乏足够的科学验证遭到批评。尽管受到了这些批评，但这项测验在很多背景下还是很受欢迎的。

▶ 职业生涯成功人士的人格特质有哪些？

许多因素促进了人们的职业生涯成功，其中一些是外部因素，例如机遇、教育、经济条件和相关的职业技能。然而，有证据表明，某些人格特质也有助于成功。马塞拉·萝荻嘉·卢卡（Marcela Rodika Luca）于2001年对291名罗马尼亚工程师进行的一项研究发现，创造力和自我管理能力比智力能更好地预测成功。此外，智力与学术成功的关系要比与职业成功的关系更密切。当然，样本已经自我选定了高水平的智力。因此，在需要高智力的工作中，在一定水平的智力得到满足后，额外高出工作所需的那部分智力也许不会起太大的作用。

成功定位的几项研究表明，以成功为目标的人会有计划地去实现目标，并甘愿为其努力工作。此外，基于许多强调人与人之间关系的重要性研究表明，良

好的人际关系技巧在工作场所显然也是很重要的。最后，内在控制观，即一个人相信自己有能力影响自己情况的倾向，也有助于成功。有研究表明，当人们相信他们能掌控自己的人生境遇时，他们更有可能采取行动来实现自己的目标。与之相反，外部控制观的人往往更加被动。

▶ 员工的注意事项有哪些？

下列是从一些研究文献中得出的员工的生存秘诀：

请记住你是系统中的一部分。你并不是孤立存在的，你是组织的一部分，是为了该组织的利益而存在的。不管你所做的是制作小部件、服务用餐还是剪头发，你的行为会影响其他人，就像他们的行为也会影响你一样。

清楚系统对你的期待是什么，并以你最优秀的能力完成。道理是显而易见的，但却非常容易忘记。

如果你在完成你的职责时遇到问题，一定要让你的上级知道。不要由于害怕看到不利而隐藏财政赤字。当你需要额外的支持或建议，或是在系统中发现有干扰你工作的问题时，大多数上级都愿意配合你的工作。但是，没有人喜欢不必要的吃惊。

尝试从其他人的角度看问题。这将减少与同事和上司之间的冲突。

从系统中的一员这一角度来满足你的自身需求、喜好与怨言。你需要满足需求、喜好和怨言所需的条件来做好自己的工作，并努力成为富有成效的群体中的一员。不要说你需要这些是因为你是你，你是特别的或你比别人聪明。

用行动来处理冲突。"你不回我的邮件，我就无法按时完成我的任务"。尽量不要太个性，找替罪羊或进行名誉毁谤。请按事实办事。

尽量将冲突限制在你和当事人之间，或上报给你的上级。尽量不要在亲密伙伴中形成三角关系，共同对你的新敌人暗讽。

在面对办公室权术时，尽量将你的工作职责与这些临时的声音分开。如果你坚持做你的工作，结果很可能就是好的。

公共领域中的心理学

▶ 心理学在公共领域起什么作用？

传统上，心理学侧重于个体的私人生活，久而久之，该领域已经扩大了其研究范围。从威廉·冯特（Wilhelm Wundt）于19世纪末对感官知觉的研究可以看出，心理学已经转移到对群体的研究，如社会心理学和组织心理学。最近，心理学已经转移到了公共领域，对政治家的人格、选举行为，甚至选票设计方面进行研究。

▶ 政治家具有特定的人格特质吗？

虽然针对政治家的人格特质并没有太多的实证研究，但从精神分析家和其他临床医生那里的确得到很多有关这一话题的评论。媒体广泛地报道了政治家的生活，这就为临床医生提供了充足的机会来对他们的心理特质进行推论。媒体所分享的信息与心理咨询师在对自己患者进行治疗过程中得到的信息有很多相似之处。值得注意的是，不同的临床医生所得出的结论却非常相似。临床医生讨论的最普遍的一个特质是——自恋，可能是由于媒体大量地报道了政治家以及他们的丑闻。

1998年的一项研究表明，政治家比普通人群有更高的自恋特质。（图片来源：iStock 图像）

▶ 什么是自恋?

自恋其实是一种非常脆弱的自我感,不堪一击。为了弥补他们脆弱的自尊,自恋的人会对自我形象十分关注,尤其对羞耻感或羞辱极其敏感。典型的自恋者有一个浮夸的自我意识,是一种高傲的自我膨胀感以及对公众注意、地位和认可的高度需求。近期更多的研究开始关注反向自恋,反向自恋的人受到卑微的自尊心的折磨,但却对自己怀有宏伟愿望。《精神疾病诊断统计手册》第四版列出了9条自恋型人格障碍的诊断标准。

▶ 在《精神疾病诊断统计手册》第四版修订版中的自恋型人格障碍的标准有哪些?

由美国精神病学学会(American Psychiatric Association)在2000年出版的《精神疾病诊断统计手册》第四版修订版中认为,表现出普遍的自大感,过度的关注需求,并在大范围情形下缺乏移情能力的个人符合修订版中自恋型人格障碍的标准,即下列9条自恋型人格障碍的诊断标准中需要符合5条:

1. 夸张的自傲感。
2. 专注于对成功的无限幻想。
3. 相信他或她是特别的,只有其他特别的、地位高的个体或群体才能理解自己。
4. 对仰慕需求过度。
5. 权益感——认为任何事都应满足个人的需要和欲望。
6. 对人际关系的过度占有。
7. 缺乏移情能力。
8. 常常美慕别人或相信别人也美慕他或她。
9. 狂妄或傲慢的态度或行为。

▶ 什么是自恋型人格量表?

自恋型人格量表(Narcissistic Personality Inventory, 简称NPI)是一种自我报告形式的问卷调查,是基于较早版本的《精神疾病诊断统计手册》(DSM),对一个人的自恋特质进行评价,由拉斯金(Raskin)和霍尔(Hall)于1979年出版。这种自恋特质的测试已经得到了广泛应用。1984年罗伯特·埃蒙斯(Robert Emmons)将自恋型人格量表总分划分为4种不同维度的分量表:领导能力/权威、优越性/傲慢、自我关注/自我崇拜和特权/权利。埃蒙斯发现前3个分量表与适应性人格特质相关,例如,自信、外向、主动、野心,而第4个分量表与精神病理学的测量有关。这项研究表明,自恋特征可以有正面影响和负面影响之分。

▶ 政治家在自恋型人格量表上得分比其他职业的人要高吗?

对政治家的自恋特质的实证调查研究不多,其中一项是由罗伯特·希尔(Robert Hill)和格雷戈里·尤赛(Gregory Yousey)对123名大学教职工、42名政治家(来自4个州的州议员)、99名神职人员(新教牧师与天主教神父都有)以及195名图书管理员进行的自恋型人格量表调查。调查中发现,政治家群体比其他3种职业群体的总分高,显示出统计学上的显著差异。在4个分量表上,政治家在领导能力/权威的分量表中得分最高,而神职人员在特权/权利这一分量表上得分最低。

换句话说,政治家在自恋总额上比其他3个群体得分要高,但是最主要的差异是他们在领导能力/权威上得分高。有趣的是,政治家也会在优越性/傲慢和特权/权利这两个分量表中得分最高,一些教授在自我关注/自我崇拜中得分最高,然而这些差异并没有达到统计学意义,这些没有统计意义的差异可能是出于偶然。

▶ 究竟是自恋造就了政治家还是政治造就了自恋者?

这是一个重要的问题。虽然对这个问题的研究调查很少,但大多数临床医生认为人格与工作是紧密相连的。政治成功所必要的人格特质一开始就存在。发动一场成功的政治运动需要政治家具有相当大的自信、外向性以及野心。但

▸ **前总统候选人约翰·爱德华兹对自己的自恋态度有何说辞？**

2008年总统大选后，民主党总统初选的有力竞争者——约翰·爱德华兹（John Edwards）被揭发有婚外情。在接受美国广播公司（ABC）的电视采访时，爱德华兹将他的行为归结于自恋的态度，在他高调的竞选过程中这种自恋态度如雨后春笋般地涌现出来。"2006年，我犯了一个严重的判断错误，并导致自己背叛了我的家庭和我自己的核心信仰。我认识到了自己的错误，并告诉我的妻子，我曾与另一名女子有染，并求得她的原谅……在几场竞选过程中，我开始相信自己是特别的，并变得越来越以自我为中心和自恋。"他陈述了自己在竞选的宣传造势过程中的经历，"以自我为中心、自负、自恋会使你相信你可以做到任何你想做的事情。你将立于不败之地，并且不会有任何后果"。

［注：引自2008年8月8日的《纽约时报》（*New York Times*）和2009年6月19日的《纽约邮报》（*New York Post*）］

是拥有政治权力的经历也会对心理产生强有力的影响。权力和公众关注可能是令人兴奋的，使人们感到他们有权力享受特殊待遇，没有任何限制能阻碍他们。

这种态势也适用于名人。临床医生进一步评论说，政治家需求精心打造一个公众形象，这使他们认为无须为自己的私人行为负责任。他们的公众形象完全切断了他们真正的自我。最重要的是形象，而不是实际的信仰或行为。事实上，精神病学家罗伯特·米尔曼（Robert Millman）编造了"后天的情境自恋"（acquired situational narcissism）这一术语，主要指名声、权力和名望对自恋倾向的激发效果。

▶ 为什么会有那么多政治家深陷丑闻？

似乎每隔一个星期，我们就会听到某一新的政治丑闻。政治家会陷入金融诡计、滥用权力、轻率的性行为的困境中。我们会一遍又一遍地怀疑这些在政治上如此精明的人会做出如此莽撞的行为。难道他们认识不到自己注定会陷入这种困境中吗？正如上面所讨论的那样，政治家的确可能比一般人群具有更高水平的自恋特质，但这些特质只有在民选公职的诱人聚光灯下才会加强。对权力的享受能造就一种权力感和不可战胜感的半妄想意识。此外，特别是当谈到性

身陷性丑闻的美国政治家有哪些？

有相当多的政治家身陷性丑闻，民主党和共和党都有。虽然其他许多国家都预料到他们的政治家可能发生婚外情，但是美国的政治文化仍然会对政治家偏离一夫一妻制的家庭价值观的行为进行严惩，不管政治家的这种行为频繁与否。加里·哈特（Gary Hart）是1988年总统初选中民主党总统候选人，他当时就陷入了性丑闻事件。埃利奥特·斯皮策（Eliot Spitzer）是美国纽约州（New York）的民主党州长，由于2008年的性丑闻事件而被挫败。共和党人约翰·塔瓦（John Tower）在1989年的性丑闻事件揭露后，被取消了参议院批准的内阁职位。马克·弗利（Mark Foley）是来自美国佛罗里达州（Florida）的共和党众议员，在被曝光与国会的青少年侍者的不恰当接触后，于2006年辞职。

纽约州州长埃利奥特·斯皮策（Eliot Spitzer）在2008年的卖淫丑闻事件后辞职。［图片来源：美联社/WideWorld图片库（AP/WideWorld）］

丑闻时,进化理论可以对此给出解释。

　　根据性选择理论,男性从追求多个女性伴侣中获得进化优势。在许多物种中,雄性追求社会的主导地位是为了对雌性的性吸引。总之,这些占据主导地位的雄性通过寻求多个年轻的雌性伴侣和大量的性接触来最大限度地增强他们的进化适应性。虽然这样的行为在人类之间肯定不是普遍的,但也不能说这种行为是前所未有的或是不寻常的。因此,在政治选举的竞争和进取的舞台上取得成功的政治家的人格特质,与他们在公众面前的被迫维持的虚伪外表,这两者之间存在着内在矛盾。

▶ 名人与政治家的自恋方式相同吗?

　　在2006年的一项研究中,马克·杨(Mark Young)和德鲁·宾斯基(Drew Pinsky)对200个名人进行了自恋型人格量表的调查。他们发现名人所测试的自恋型人格量表分数明显高于普通人群以及对照组——工商管理硕士(简称MBA)的学生。他们还发现女性名人比男性名人得分要高,这与在大众人群男女测试中的模式相反。此外,电视真人秀的名人的自恋型人格量表分数是最高的,接下来是喜剧演员、演员和音乐家。有趣的是,他们还发现,自恋型人格量表的分数与是否在娱乐界有多年的经验是没有相关性的。这就说明,名人的自恋倾向早在他们进入这个行业前就已经存在了。

▶ 我们对名人崇拜了解些什么?

　　对于名人崇拜方面的研究开始受到人们的关注。一些研究从沉迷模式的角度调查名人崇拜,表明极端形式的名人崇拜反映出某种形式的上瘾。其他研究发现,轻度形式的名人崇拜是十分普遍的,与精神病理学无关,而更多极端形式的名人崇拜确实与情绪障碍有关。

　　在一项2003年的研究中,约翰·莫尔特比(John Maltby)、詹姆斯·贺朗(James Houran)以及林恩·麦卡琴(Lynn McCutcheon)对219名学生和390名社区居民进行了名人态度量表(Celebrity Attitudes scale)测试和人格测量[艾森克人格问卷修订版(Revised Eysenck Personality Questionnaire)]。他们发现不同种类的名人崇拜与不同的人格特质之间有适度的关联,在统计学上有着显著意义。出于社交或娱乐目的参与名人崇拜的人更有可能在一种顺应性的人格特质——外向型上得高分。在名人崇拜上有着过激表现和个人投资的人会在神经质方面得分高,反映出了一种焦躁和抑郁的情绪反应。最后,在名人崇拜的病态交界形式,即心理最不正常的形式上得高分的人,也会在精神质上得高分。在艾森克量表中,精神质与其说是与精神病有关,不如说与攻击行为、精神变态和社会疏离相关。

投 票 行 为

▶ 人们为什么要投票?

由于选民投票率对一个民主国家至关重要,所以心理学家与政治科学家一起对激励人们投票的因素进行研究。从由成本和效益出发的一个典型的理性主义观点来看,投票并没有多大的意义。如果你必须花费一天的工作时间赶到投票站去投票,只能说明投票是一件劳民伤财的事情。任何人都会觉得他或她的投票不会改变任何一个选举的结果。尽管如此,人们还是会投票,他们参与政治选举对民主制度的生存至关重要。心理学家与其他领域的同事对投票的可能动机进行了分析。除了其他因素,他们提出了习惯、社会压力、利他主义,甚至遗传因素所起的作用。

▶ 人们是出于习惯投票吗?

对投票记录的研究发现,在每一次选举中一些人都会有规律地投票,而另外一些人似乎将他们的选票以"问题选票",即以选民关心的利害攸关的问题为目标进行投票。根据温迪·伍德(Wendy Wood)、约翰·奥尔德里奇(John Aldrich)和雅各布·蒙哥马利(Jacob Montgomery)的研究,有规律的选民,或"习惯性的选民",很有可能在几个选举周期里都住在同一所房子里。

▶ 社会压力是人们投票的原因吗?

研究者还对社会压力对投票行为的影响十分关注。害怕公开曝光会促

使人们到投票站进行投票，这一点并不奇怪。一位政治科学家唐纳德·格林（Donald Green）在2006年的初选前给美国密歇根州（Michigan）的9万户家庭寄了邮件。寄出的是4封内容不同的信件。第一封信只是简单提醒他们公民的投票责任，第二封信提醒收件人投票记录（投票与否）是公开有效的，第三封信是关于收信人以往的投票行为的信息，第四封信列出了收信人的邻居过去的投票行为，还陈述了收信人的选民投票率将会在另一封信中报告，并会寄到他们的社区。收到第四封信的收信人显示出其投票率明显提高（8.1%），紧随其后的分别是收到第三封信的收信人（4.9%）、第二封信的收信人（2.5%）。收到只是提醒公民的投票责任信件的收件人，其投票率仅提高了1.9%。

▶ 遗传在投票行为中发挥什么作用？

詹姆斯·福勒（James Fowler）和劳拉·贝克（Laura Baker）进行了一系列针对家庭投票行为的研究。他们发现收养的孩子的党派归属与其养父母和兄弟姐妹是相似的，说明了党派归属是具有文化传播性的。他们对比了大量的同卵双胞胎与异卵双胞胎的投票行为，发现在是否投票上，同卵双胞胎比异卵双胞胎更一致，但对候选人的选择却不一致。总之，这项研究表明，选民投票率是与遗传学有关的，而党派归属却是与环境相关的。

▶ 利他主义在投票行为中发挥什么作用？

其他研究者认为，利他主义对投票率也起着作用。在一项叫作"独裁者的游戏"的实验操作中，先分发给受试者钱后，再告知他们与不知道他们姓名的人分享这些钱。在一项由詹姆斯·福勒和辛迪·金（Cindy Kam）在2007年进行的研究中，把钱分享给他人的受试者明显比那些没有这样做的人更容易投票。此外，理查德·扬科夫斯基（Richard Jankowski）发现同意利他主义的人更有可能参与1994年的投票。利他主义可能与社会责任感有关，特别是与社会群体的连接感以及幸福的责任感有关。此外，我们可以推测，利他主义具有一定的遗传成分，可以说明遗传对投票率的明显影响。

投票行为当然不是一个纯粹的智力活动。研究者发现，其他因素，包括社会压力、利他主义感，甚至遗传学都起着一定的作用。（图片来源：iStock 图像）

▶ 人们是怎样做出投票的决定的?

心理学家对候选人选举背后的心理很感兴趣。经典的理性传统使人们能够决定哪位候选人最能代表他们的利益或价值观,然后再投出相应的选票。然而,心理学家德鲁·沃斯顿(Drew Westen)认为在决定如何投票时,人们依赖的不仅仅是理性分析。仔细分析候选人的资格、投票记录和对问题的立场是非常耗时和困难的,特别是对不关心时事的人来说。因此,人们倾向求助于捷径,使他们的决策可以依据对候选人的个人喜好、对候选人的认同、热点问题以及能激起强烈情绪反应的简单消息。重要的是要意识到这种情感信息的处理过程大部分是无意识的。与其他类型的选择相同,当人们实际上受情绪驱使的时候,他们可能会认为自己的选择是依靠理性分析而决定的。

▶ 政治家在竞选活动中如何利用心理学?

鉴于情绪对投票行为的影响,整个行业的政治顾问都在努力找出包装这些候选人的最佳方案,以此来吸引公众的投票,这也就不足为奇了。总之,许多竞选活动都试图通过控制选民的情绪反应来影响选民的响应情况。一个强有力的方式就是通过联想性条件作用。政治家努力去建立与特殊问题或与候选人相关的要么消极的要么积极的联想。这可以通过对语言的谨慎使用、对视觉形象的精心设计和故意使用显著的情绪符号来实现。例如,美国国旗的色彩为每一次国家竞选运动增添光彩;虽然可能是老生常谈,如频频出现政治家抱着婴儿的镜头,但这些公众形象促使选民将候选人与爱国主义以及他们对家庭的支持联想在一起。

▶ 关于语言的运用影响民意,弗兰克·伦茨有什么看法?

政治顾问弗兰克·伦茨(Frank Luntz)专门通过塑造语言来影响公众舆论。他的目标是通过语言吸引听众的注意,将观点注入他们的脑海,并刺激积极的或是消极的情绪反应。伦茨在2007年出版的书中表明,最有效的政治言辞的特点是重复、一致性、简单平实的语言、朗朗上口难忘的短语和短句。演说的审美品质也是很重要的。政治家的语言应该听起来是愉快并有节奏感的。

在保证信息前后一致的前提下,稍微加以创新也对吸引听众注意力很重要。此外,视觉图像往往比语言更有威力。虽然伦茨这种形式大于内容的风格遭到了批判(实际上是通过交流达到操控目的),但他又阐明了内容并不是完全无关紧要的。演讲人必须有信誉;如果政治家在可信度方面做得太过分,听众就会失去兴趣。

▶ 语言如何影响公众对政治言辞的看法?

弗兰克·伦茨认为,仅仅一个词就可能引起一场争端,在选民心中产生或是积极的或是消极的联想。2005年他给共和党成员的一份备忘录曾在媒体中广泛传播,在备忘录中伦茨列出了14个千万不能说的词组。伦茨相信语言的威力,他说2/3的美国人想要使社会保障"人性化",而只有1/3的美国人希望"私有化"。下面是他列出的词组中的其中7个例子。

促进积极的印象

不能说	可以说
税费改革	税务简化
全球化	自由市场经济
对外贸易	国际贸易
石油钻探	能源探索
政　府	华盛顿
无证劳工	非法居留的外国人
地产税	遗产税

▶ 心理学有助于选票设计吗?

由于心理学在感知、认知、运动功能方面的历史价值,心理学对选票设计方面的研究有很大帮助。在选票设计时需要考虑两个主要问题。其一,选票应具有实用性,人们可以轻松使用。这一问题与老人特别相关,他们可能有着认知、感知或身体上的困难与不便。蒂芙尼·加斯特泽布斯基(Tiffany Jastrzembski)

和尼尔·查尼斯（Neil Charness）在2007年进行的一项研究中发现，老年选民使用的是两种不同工作方式的电子投票机。填写选票时可通过触摸屏或键盘输入的方式进行，最终结果的提交分为分次提交或者是同时提交。这样就会导致选票设计存在4种不同的组合。老年选民在使用触摸屏投票搭配分次提交的组合中表现最好。

此外，选票的设计不应该对有的候选人有利而对有的候选人不利。例如，由乔安妮·米勒（Joanne Miller）与约翰·克罗斯尼克（John Krosnick）于1998年进行的一项研究中发现，姓名排序明显影响了选民在1992年的美国俄亥俄州（Ohio）选举对118场竞选中48%的选择。在列表顶部的候选人平均比列在选票底部的候选人多得2.5%的选票。虽然看起来差距不大，但却足以赢得大选。

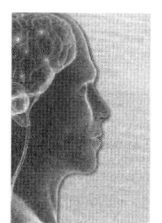

四

变态心理学：
心理健康和精神疾病

定义和分类

▶ 我们如何定义精神疾病？

　　精神疾病的一些概念可能存在于世界上的各种文化中，早在古希腊和古罗马时代书籍中就有了相关描述。那些患有精神疾病的人或与他们接近的人会感受到极端的痛苦和精神疾病所造成的功能障碍。尽管如此，却很难提出一个精神疾病的确切的定义。在《精神疾病诊断统计手册》最新版中，精神疾病被定义为超越个体的文化规范以外的造成困扰或功能障碍的心理模式。

▶ 异常行为和精神疾病之间有什么关系？

　　这是一个很难回答的问题。即使精神疾病一定会造成困扰或功能障碍，在某种程度上，我们也要通过与文化规范的关系来判断其行为病理。因此，我们所理解的精神疾病的概念是与社会所认为的正常概念部分地联系在一起。这就引发了一些问题，例如，是否所有的异常行为都是病态的以及是否所有的正常行为都是心理健康的。显然，人们可以做出不寻常的行为但这些行为并不一定是病态的行为。我们并不希望将任何一种独有的或非传统的行为诊断为精神疾病，也不会将所有的常见行为

蜥蜴人是谁？

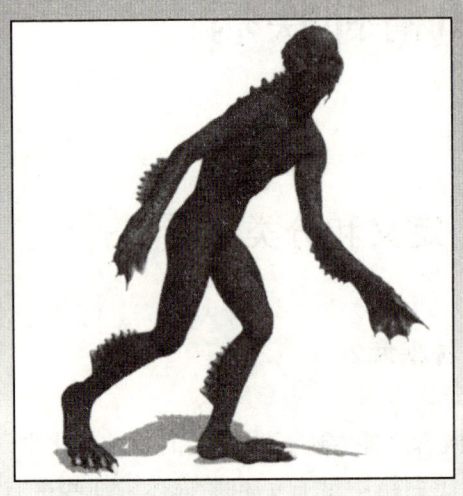

根据阴谋论，世界上杰出的政治家和其他领导人实际上是被称作光明派的外星蜥蜴人。（图片来源：iStock 图像）

妄想一般被诊断为一种精神障碍的症状。妄想在一般人们的文化中被认为是不正常的一种固定的、虚假的信仰。然而，将妄想与信仰区分开来并不是一件容易的事，因为信仰在某些亚文化中已经被广泛接受，即使这种信仰非常奇怪。

例如，作者戴维·艾克（David Icke）成功地推广了"世界是受所谓光明派（Illuminati）（该术语可追溯到早期的阴谋论）的阴谋操控的"这一想法。光明派是从另一个星球来到地球的外星蜥蜴族人的后裔，可以改变外形以人类的形态示人。当今世界的大多数主要的政治和经济人物，包括乔治·W.布什（George W. Bush）、希拉里·克林顿（Hillary Clinton），甚至是已故的戴安娜王妃（Princess Diana）实际上都被认为是蜥蜴人。蜥蜴人有几种不同的分支，包括灰人（Grays）、被收养的灰人（Adopted Grays）、克林克人（Crinklies）、高大金发人（Tall Blonds）、高大的机器人（Tall Robots）以及安鲁那奇人（Annunaki）。据说乔治·W.布什是蜥蜴人的分支安鲁那奇人的一员。

这些信念是妄想症吗？大多数人都会认为这种观点是文化异常的错误的信念。尽管如此，戴维·艾克仍有众多的追随者，他的书非常畅销。因此，在某些亚文化中，这些信念并不被认为是异常的。像这种情况说明了判断是否是精神疾病的症状有时是非常困难的。

诊断为健康的。吸毒、暴力、厌食在某些社会群体中常见,却都会造成困扰或功能障碍。因此,虽然在大多数极端情况中(例如急性精神病或严重抑郁症)识别精神疾病是非常容易的,但也有许多情况,心理健康与精神疾病的界限并没有那么明显。

▶ 为什么要对精神疾病进行分类?

所有的诊断系统都要依靠分类。分类有什么样的功能?试想一下,如果我们没有有关精神疾病的共同的、标准的分类系统会是什么样子;如果没有共同的语言来描述临床观察,就没有临床医生、研究者或公共政策工作人员之间的协作,也就没有办法来研究患病率、病因(发病原因)、结果或病情的进展;如果没有基础的科学数据,就没有系统地研究和测试治疗的方法。治疗方案可能是支离破碎的、临时的或是未经测试的,最终可能是基于个人的意见而不是科学的事实。

▶ 我们如何对精神疾病进行分类?

精神疾病或障碍是根据症状、病因、病程的性质进行分类的。病程指的是随着时间的推移疾病的恶化进程。《精神疾病诊断统计手册》第四版的修订版列出了16种常规类别,每个类别有多种诊断。这些类别的例子包括:饮食失调、精神障碍、冲动控制障碍、情绪障碍、焦虑症和针对一般医学病情的精神障碍。

▶ 《精神疾病诊断统计手册》第四版是什么?

《精神疾病诊断统计手册》第四版于1994年出版,其修订版(缩写为DSM-IV-TR)于2000年出版。修订版在诊断上做了微小的变化,但是更新了手册的文献回顾。《精神疾病诊断统计手册》系统提供了诊断精神病标准化的方法,与世界卫生组织(World Health Organization,简称WHO)的《国际疾病分类》(International Classification of Diseases,简称ICD)配合出版。诊断是在5个轴面上提出的,第一个轴(轴 I)列出了具体的临床症状,如精神分裂症或重度抑郁

症；第二个轴（轴Ⅱ）列出了人格障碍和精神发育迟滞，即全方位影响人的心理功能的慢性疾病；第三个轴（轴Ⅲ）涉及的是影响人的心理状态的医学疾病；第四个轴（轴Ⅳ）涉及的是心理和环境压力；第五个轴（轴Ⅴ）涉及的是人的一般适应功能水平（一般适应功能得分），基准是1—100。

▶《精神疾病诊断统计手册》系统有什么历史？

有趣的是，官方的精神科分类系统的首次开发是为了帮助美国人口普查。美国人口普查局（U.S. Census Bureau）的目的是对美国人口进行准确统计，包括精神病院的住院患者。1840年的美国人口普查仅有一种精神病的分类：白痴/精神错乱。到1880年上升为7类：躁狂症、抑郁症、偏执狂、麻痹、痴呆、嗜酒狂和癫痫。1917年官方的精神科专业学会决定设计独立的分类系统，将精神疾病的诊断从政府部门独立出来。

美国精神病学学会（American Psychiatric Association，简称APA）与心理卫生全国委员会（National Commission on Mental Hygiene）一起为精神障碍创立了一个术语表（标签系统）。该系统适用于那些生活在精神病院最严重的住院患者。第二次世界大战结束后，退伍军人遭受着战后心理后遗症的折磨，考虑到生活在社区门诊患者的需求，诊断系统逐渐扩大。《精神疾病诊断统计手册》第一版于1952年出版，第三版于1980年出版，其修订版于1987年出版，第四版于1994年出版。第五版预计于2013年出版。

▶ 精神疾病的分类会随着时间的推移而改变吗？

因为人的心理和文化背景是非常复杂、充满变数的，所以很难提出一种万能的系统来诊断精神疾病。《精神疾病诊断统计手册》第一版在很大程度上是受到当时的心理理论的影响，并缺乏实证研究。有些诊断是存在争议的，有些诊断在今天看来则有文化上的偏见。例如，1974年以前，同性恋一直被列为是一种精神错乱。虽然《精神疾病诊断统计手册》较新版本已经大量地运用了实证研究，但仍然受到批评，被认为诊断仍然缺乏足够的科学效度。因为任何一种分类方法都不可避免地存在缺陷，不管怎样，《精神疾病诊断统计手册》的每个版本最终都会过时，并被新的版本所替代。

▶ 分类系统有什么缺陷?

我们有必要认识到不管分类系统如何复杂和精密,也只能为治疗提供指导。诊断系统是理想化的,只有少数患者会完全符合分类。事实上,许多患者并不完全符合任何一种诊断类型。此外,也有必要记住分类系统仅适用于症状模式,分类系统不能也永远不能完整地描述一个人的症状。所以,《精神疾病诊断统计手册》第四版修订版针对这一问题进行了修改,例如,使用"患有精神分裂症的人",而不再使用"精神分裂者"。

▶ 《精神疾病诊断统计手册》第五版将有怎样的变化?

《精神疾病诊断统计手册》第五版在2013年出版。然而,在2010年初,美国精神病学学会出版了《精神疾病诊断统计手册》的拟修订版,目的是征求广大读者对这些变化的意见。除了诊断系统的标准与分类的变化,还提出了一些整体性的变化。首先,5轴式的诊断系统中的前3个轴将会合并为1个轴。在《精神疾病诊断统计手册》第四版中,轴 I 为临床综合征,轴 II 是人格障碍和精神发育迟滞,轴 III 为与心理状态有关的医学疾病。在《精神疾病诊断统计手册》第五版中,前3个轴都汇编为同1轴。同时第五版比以往的任何一版更侧重于多维度评分。换句话说,临床医生会根据各种不同的临床特征的严重性(如抑郁、焦虑等)来给患者评分,而不仅仅是将其归为有或者没有某种疾病。对诊断系统的分类将仍然保留在《精神疾病诊断统计手册》第五版中,但是会有更多全方位评分空间。由于《精神疾病诊断统计手册》第五版系统尚未最终确定,在这里我们将以《精神疾病诊断统计手册》第四版及其修订版的诊断系统为侧重。

▶ 文化在精神疾病中起着什么作用?

虽然《精神疾病诊断统计手册》的诊断在不同文化中有一定的普遍性,但不同文化背景的人表达心理困扰的方式有所不同。在很多文化中,抑郁症更多地表现为对身体疾病的关注,而不是有意识的悲伤情绪。同样,精神分裂症患者的妄想及幻觉的内容受到文化主题的强烈影响。幻想自己是弥赛亚(Messiah)(犹太人的伟大的解放者)的情况经常发生在巴勒斯坦耶路撒冷,而幻想被中央

▶ 文化束缚综合征的病例是什么样子的？

《精神疾病诊断统计手册》第四版修订版有一部分是关于文化束缚综合征，指仅在特定的文化中存在的情绪和行为障碍的独特模式。

精神崩溃：这种病症主要在拉丁美洲比较常见，尤其是来自加勒比海地区。精神崩溃是一种在发生不安事件后表达强烈的情绪困扰的方式。这种症状包括无法控制的呼喊或哭泣、精神恍惚、攻击性的语言或身体行为、发抖或昏厥。然而，精神崩溃可能会被误诊为精神病发作，其实更类似于恐慌症发作或转化症，其中包括通过身体症状来表达情绪的困扰。

妄想阵发：这种综合征主要在西非和海地比较常见。主要是指忽然迸发的不安与兴奋，人们感觉到困惑、迷失方向，还可能抱怨视觉或听觉会出现幻觉（看到或听到不存在的东西）。这与《精神疾病诊断统计手册》第四版中精神障碍的简要概述极其相似。

缩阳（阴茎回缩恐惧症）：这种古怪的综合征常见于南亚和东亚，包括中国、泰国和印度。缩阳这个词被认为起源于马来西亚，但是这一综合征在不同的地域有不同的名称，包括中国有"束阳"、"锁阳"或"缩阳"这3种说法；印度称为"缩阳"（jinjinia bemar）。这一病症的特征是由于急性焦虑，人的生殖器（也包括女性的乳房）缩进身体里甚至导致死亡的现象。与之相类似的病症还有非洲某些地区的阴茎盗窃恐惧症。尽管这种病症在美国被看作是一种离奇幻想，但更准确地说，缩阳应诊断为转化症。

情报局追踪的情况更可能发生在美国。此外，一些文化形成了表达情绪困扰的独特形式。《精神疾病诊断统计手册》第四版修订版提到了文化束缚综合征的一部分内容，主要指仅在特定文化中存在的独特症状。重要的是，在他们的当地文化范围内这些才算是有疾病的或者心理不正常的行为。大多数这些病症都表明，个人主要是被强烈的消极情绪所感染而引发的疾病。主要的例子有：受拉

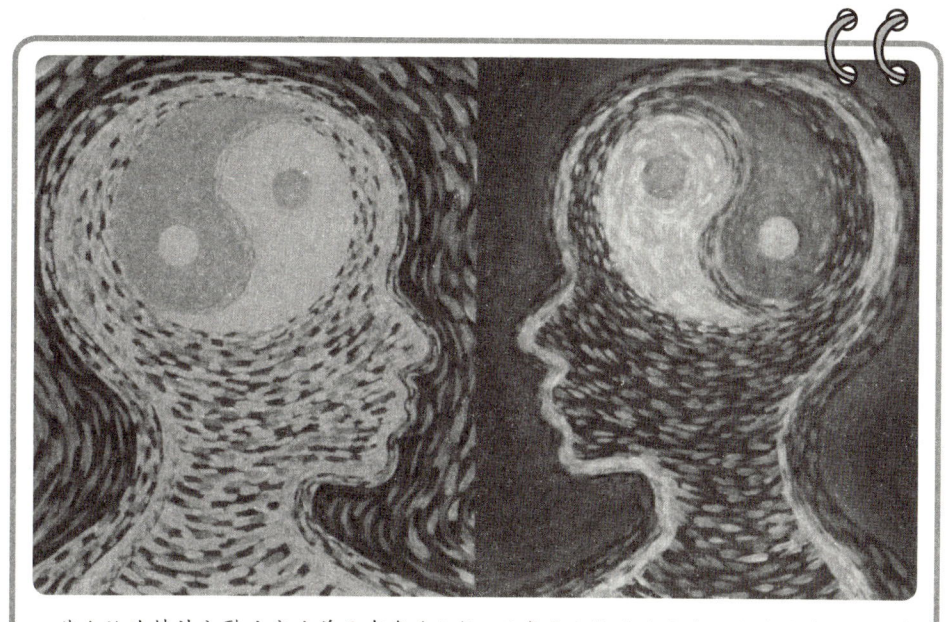

一些人认为精神分裂症意味着具有多重人格,而多重人格的病症实际上被称作分离性身份障碍。精神分裂症主要包括妄想、语无伦次、幻觉以及思维紊乱等精神症状。

美文化影响引发的精神崩溃,中国和东亚文化影响引发的缩阳以及美国土著人的影响引发的幽灵恐惧症等。

主要的精神疾病

▶ 什么是精神分裂症?

精神分裂症也许是主要精神疾病中最容易使人丧失能力的病症。虽然类似的临床症状的描述可以追溯到有文字记载起的历史,但"精神分裂症"这一术语的发现和目前这一病症的定义相对来说是较新的。德国精神病学家埃米尔·克雷佩林(Emil Kraepelin)首次区分了躁狂抑郁症与早发性痴呆,后来称作精神分裂症。瑞士精神病学家厄根·布洛伊(Eugen Bleuler)从希腊词

语"分裂的心灵"中创造了"精神分裂症"这一术语。根据《精神疾病诊断统计手册》第四版,精神分裂症的特征有以下两种或多种症状:妄想、幻觉、语无伦次、思维紊乱或紧张和阴性症状。这些症状必须存在至少1个月,并会导致显著的社交或职业损害和/或自理能力降低。有些病症的征兆可能会存在至少6个月,并且这些症状不能是由于其他病症导致的(如物质诱发精神病或医学病症)。

▶ 精神分裂症的症状如何界定?

《精神疾病诊断统计手册》第四版中对精神分裂症的诊断进行了一系列的精神病症状描述。精神病是对现实判断的明显障碍,或者说是不具有与处于同一环境中的人一样的认识世界的能力。有许多不同类型的精神病症状:

> 妄想是指文化中被认为是异常的固定、虚假的信念。
>
> 离奇的妄想在现实中是不存在的,就像是认为英国女王在火星上向你的大脑中的芯片发送信息。还有一种非离奇的妄想在现实中存在,例如,深信明星爱上你或被联邦调查局窃听的这种虚假信念。
>
> 幻觉是指有感觉到现实中不存在的经历。幻觉可以是听觉(声音感受)、视觉(视觉感受)、嗅觉(嗅觉感受)或触觉(触觉感受)。幻听是最常见的,并且能感受到一种或多种声音。
>
> 语无伦次或思维紊乱大体上反映了混乱的思维,是指思维的条理性和逻辑性受到损坏。

以上提到的所有症状都指的是阳性症状或目前存在的问题特征。相比之下,阴性症状反映了健康特征的缺失。具体来说,阴性症状是指头脑迟钝或情感缺乏以及动机、主动性、活力和认知活动的迟钝。

▶ 什么是思维紊乱?

思维紊乱是最显著的、最使人衰弱的严重精神病之一。思维紊乱并不与思维过程的内容（即人们思考的内容）有关，而是与这些思维的组织方式有关。人们展示出的是逻辑有序的想法？还是混乱、联想松弛、让人无法理解的想法？

思维紊乱有很多类型：

> 思维缺乏是指缺乏足够的思维内容。患者的思维差不多是空白。
> 思维过剩是相反的情况，思想源源不断地涌出。

其他术语专指人的思维组织方式和严重程度范围（从轻度紊乱到完全不可理解）。

> 离题思维描述的是人们在话题与话题之间游离，但是讲话内容仍然可以理解。
> 间接思维是间接、绕圈子的思维，但最终会绕到点子上。如果你向一名间接思维的患者询问问题，他或她会针对这一点绕圈子，但是最后会回答这一问题。
> 切向思维更加严重。经过努力，你可以理解该患者所说的话，但是却需要精力相当集中来弄清不同想法之间的联系。
> 观念奔逸与切向思维相似，但是其特征是思维高度过剩。
> 联想松弛是患者讲话的内容不能理解。虽然思想片段是可以识别的，但是人们会陷入散漫的思维中，这种思维使思想之间的关联分离，缺乏逻辑。
> 分裂性言语基本上是胡言乱语，句子中的词语之间没有明确的关系。

虽然思维紊乱在很多精神疾病中都有表现，但严重的思维紊乱是精神分裂症最典型的特征。

▶ 人格分裂与精神分裂症一样吗？

对精神病诊断所用的术语的通俗理解往往与术语的技术含义是不同的。

▶ 思维紊乱的例子有哪些？

　　下面是引自患有精神疾病的人的作品。每段引用都表现了一种具体形式的思维紊乱。

　　以下例子是一名患有联想松弛症（精神分裂症的特征）的女子写的。

　　莱娅公主名誉的丹娜苏丹娜王公皇后玛卡玛卡泽迪克安娜蕾妮耶路撒冷的提约纳苏珊娜西金娜希洛恩（希洛，赛洛，赛罗，谢罗）马基雅马季特蒂法拉……蝙蝠大卫蝙蝠拉宾戈莱贝纳多特，帕兹堡的公爵夫人，瓦姆兰的公爵夫人，至高的神圣之一，苏尔坦亲王孙的妻子帕莎大公沙皇米勒的孩子麦基洗德查理菲利普埃德蒙伯蒂尔尼古拉戈莱摩西（卡察夫）狄菲里特马赛卡本大卫贝纳多特，瑞士的，帕兹堡的公爵夫人，瓦姆兰的公爵夫人，以色列王室……以色列官方的皇后和国王……

　　以下的例子是一名患有观念奔逸症（flight of ideas）的男子写的，写作风格表现出狂躁。

　　法院电视，没有关于我的故事，它清楚地告诉观众，虽然这些家庭在工作岗位上献出了自己的生命，但腐败的警察依然比真正的英雄家庭更重要。法院电视以同样的方式讲述两名勇敢的警察从第七十管辖区走出，如果法院电视将我的故事与鸡头播出的时间一样多的话，就会有优秀廉洁的执法人员将志愿献出自己的空闲时间获得证据来逮捕我的父亲，同时会进行捐款并且新趋势将要开始……

　　如果你是一个坏警察，你有一个朋友：法院的电视。如果你是一个好警察，你还没有一个鸡头值钱……

　　麦当劳的员工大部分是不携带枪支的勤劳的学生，他们更愿意像温迪的员工一样是受害者而不是施害者。另一方面，腐败的警察一定会携带枪支，并且我猜想法院的电视的记者没有像过去一样的骨干支柱。有

"人格分裂"这一术语经常与精神分裂症相混淆。人格分裂更准确地来说是指分离性身份障碍,先前叫作多重人格障碍。精神分裂症被诊断为是精神病的症状,而分离性身份障碍则被划分在分离障碍的类别下。分离性身份障碍一般是作为处理像持续的性侵犯和身体虐待这样的极端创伤经历的方法,产生于儿童时期。人们通过将他们的有意识的经历分裂为多重身份来处理由于创伤引起的难以抵制的情绪。得病的可能是可爱的小女孩、有责任心的年轻人以及叛逆的青少年。然而,除了对自己身份的认知有障碍之外,有分离性身份障碍的人通常不是典型的精神病患者。相比之下,患有精神分裂症的人对自己的身份有连贯的认同感,但却要与精神病进行持续的斗争。

▶ 精神分裂症是可以治愈的吗?

在当下,精神分裂症是无法治愈的终身疾病,但无疑是可以治疗的。由于药物治疗精神分裂症的长足发展,使我们大大缓解了阳性症状,例如妄想、幻觉和思维紊乱。令人遗憾的是,几乎没有有效治疗阴性症状的工具。然而,由于个体的差异,病情的严重程度也会有所不同,可能有些人的治疗效果比其他人要好。有很多精神分裂症患者可以住在社区中,享受社交关系,甚至做志愿者或兼职工作。然而,绝大多数精神分裂症患者都需要长期服用精神病药物来控制精神病症状,并尽可能保持身体的正常功能。

▶ 所有的精神病都是精神分裂症吗?

人们可能会患有精神病,但却不一定符合精神分裂的标准。某些医学疾病或药物可能会导致精神病症状。事实上,当药物使用者出现精神病症状时,想要区分出心理疾病和药物滥用对精神病症状的相对作用是相当困难的。有情绪

障碍的人，如重度抑郁症或躁郁症，经常会呈现精神病症状。此外，遭受严重压力的人有时会有精神病症状。短暂的精神障碍的诊断特征是有快速、短暂的精神病症状，在人恢复到正常状况之后，一般不需要进一步药物治疗。

▶ 什么是躁郁症？

躁郁症过去称作狂躁抑郁症。它被分类为情绪障碍，其特点是至少有一次狂躁发作并通常有一次或更多次严重抑郁症状发作。狂躁发作是指至少一周时间内患者表现出或高涨的、心情愉快的或者急躁的情绪。该患者还会表现出活动参与数量的增加这种症状，同时表现出比正常水平高的精力、主动性和冲动。

更具体地说，必须表现出下面提到的三种或三种以上的症状（或者四个，如果情绪仅仅是急躁的话）：过度自尊或自大；睡眠需求减少；谈话量或保持谈话的压力增加；思维紊乱；注意力分散；有目标导向的活动增加；危险与愉快行为的增加。狂躁发作的人会经常进行鲁莽并过度消费、性行为或药物滥用。他们在狂躁发作期间也会有精神病症状，但是症状往往是与心境协调的（与高涨、夸大狂的情绪一致）。例如，他们可能会有他们要到华盛顿特区管理国务院这种夸张的妄想。躁郁症患者的基准线往往比精神分裂症患者的高。很多人在狂躁不发作的时候是完全无症状的，完全可以正常生活。然而，即使患者是在没有症状的基准线上也需要服用药物来维持心理健康。

▶ 什么是抑郁症？

与狂躁症不同，很多人在他们一生中的某些阶段会体验抑郁症。因此，抑郁症这一术语涵盖的体验范围很广。最轻度范围的体验是会有短暂的悲伤感。经历损失或其他困扰的事件后较长时间的悲伤也属于人类体验的正常范围内。当人的悲伤情绪一直持续的时候，人就患有了抑郁症。

虽然因艰难的生活体验而产生的抑郁感是很普遍的，但重度抑郁症与这些轻度和短暂类型的抑郁症还是有显著区别的。《精神疾病诊断统计手册》第四版指出，最严重形式的抑郁症是重度抑郁发作。要达到重度抑郁发作的诊断标准，个体必须在2个星期的时间内表现出下面提到的至少5条症状，并且这些症状都

文森特·凡·高（Vincent van Gogh, 1853—1890）是一名荷兰籍画家，他被认为是19世纪最伟大的画家之一。虽然他当时并不出名，但目前他的作品售价高达数百万美元。凡高在痛苦地遭受精神疾病发作期间，曾多次试图自杀。最终他在1890年37岁时结束了自己的生命。根据所有的传闻描述，当他精神病不发作的时候，他很平静，乐于合作，完全专注于他的绘画创作中。

在过去的一个世纪中，许多人都从理论上探讨是什么精神疾病最终杀死了凡高。没有对实际患者进行诊断，我们做出的任何诊断都是没有把握的。尽管如此，凡高却留

众所周知，19世纪画家文森特·凡·高患有精神病。究竟是什么精神疾病使他遭受痛苦，这仍然是争论的焦点。（图片来源：iStock 图像）

下了很多宝贵的信件，很多是与他最爱的弟弟西奥（Theo）的书信往来。从这些信件中，我们可以找出抑郁症发作的精神病特征。

然而，精神病学家迪特里希·布鲁默（Dietrich Blumer）在2002年的一篇文章中指出，凡高的书信中还表现出了兴奋、精力的增强以及过度的宗教热情这些症状。虽然这种症状可能表明是狂躁发作，但布鲁默总结为凡高患有颞叶癫痫，这种病症会由于他饮用酒精浓度很高的一种流行饮料——苦艾酒而加剧。他有可能患有两种疾病：癫痫和躁郁症。不幸的是，他的妹妹也患有精神疾病（很可能是精神分裂症），最终被送进精神病院。

有与过去状态不同的改变。这些症状包括：持续的抑郁情绪、对活动的兴趣减退、明显的体重增加或减少（排除节食）、睡眠的增加或减少（嗜睡或失眠）、身体躁动或迟缓（精神运动躁动或迟滞）、丧失活力、感到无价值或内疚，有死亡或自杀的念头。当某人表现出一个或多个这些症状时，并认为这些症状不是由于另一种精神障碍，诸如躁郁症或药物诱发的抑郁症引起的话，他们将被诊断为患有重度抑郁症。

▶ 精神疾病与创造力有什么关系？

人们常常发现有创造力的人似乎患有不相称的精神疾病。研究已经证明了这一点，尤其是在作家群中。情绪障碍可能是作家中存在的最常见的精神障碍，作家得抑郁症和躁郁症的比率很高。因此，这些艺术家自杀的比率是相当高的。例如，小说家厄内斯特·海明威（Ernest Hemingway）和弗吉尼亚·伍尔夫（Virginia Woolf），诗人安妮·塞克斯顿（Anne Sexton）和希尔维亚·普拉斯（Sylvia Plath）都是自杀而死。虽然研究人员推测情绪障碍所表现的激烈情绪会增加这些富有创造力的人的敏感度，但为什么创造力和情绪障碍是有关联的目前尚不清楚。此外，患有躁郁症的人在轻躁狂状态下是非常高效并有创造力的。轻躁狂是轻度形式的狂躁症，是当情绪高涨、精力提高和自信增强还没有导致功能性损害时候所患的病症。

▶ 什么是强迫症？

强迫症被划分在焦虑症种类下。强迫症的特点是一般会增强焦虑感的那些重复的、无意义的或侵入性的强迫观念，以及用于降低强迫观念引起的焦虑感而进行的重复的、无意义的行为。常见的强迫观念主要包括不切实际地，过度地恐惧危险、污染物或者做有伤害的、道德上不可接受的行为。常见的强迫行为包括重复地清洗、检查、整理、安排和储藏行为。

虽然这些症状会使人衰弱——真正地掌控着人的一生——但患有强迫症的患者始终对自己行为的病理有某种程度的理解。这一点是强迫症与妄想症的区别所在，妄想症的患者会深信他或她的信念。患有轻度强迫症的一个例子是，患者可能需要在每晚关闭电脑停止工作前完成规定的任务，可能会花费15分钟或更多的时间来完成这项任务。在一个极端例子中，强迫症患者可能会花9个小时去冲澡，以程序化的方式多次清洗身体的每个部位。

▶ 什么是自闭症？

自闭症的最初诊断是在童年时期，包括在广泛性发育障碍类别中。根据行为异常或欠缺，自闭症分为三个方面：社会互动、沟通交流和兴趣范围。自闭症儿童普遍表现出回避眼神交流和社会交往。他们不发展正常的同伴关系，他们不会表现出分享玩具或参加社交游戏的典型欲望。他们的沟通能力也存在异常，表现为语言发展迟缓、人称代词使用不当以及呆板地重复使用语言（"你的父母来了！你的父母来了！"）。最后，他们表现出受限制的兴趣范围，对某些特定的物体或主题表现出强烈或痴迷的关注。例如，一名患有自闭症的患者能培养出对火车的痴迷兴趣，并能记住某一运输系统的整个日期表。此外，表现出对惯例的严格遵循，当惯例被违反时表现出明显的困扰。这些症状中的一部分与另外的特点有关，虽然对这一特点进行了研究，但还未收录在《精神疾病诊断统计手册》系统中。

患有自闭症的人由于缺乏心智理论而经常遭受痛苦。心智理论是指理解另一个人的主观经验的能力，是移情作用的必要的第一步。由于自闭症患者缺乏心智理论，他们很难理解社交互动，并经常因处于社交场合而非常紧张。

▶ 亚斯伯格症候群与自闭症有何不同？

近年来对亚斯伯格症候群诊断的关注逐渐升温。目前不清楚亚斯伯格症候群是否只是一种轻度的自闭症，还是与自闭症完全不同的症状。与自闭症一样，亚斯伯格症候群的特点是，儿童早期表现出缺乏社交活动以及具有明显的受限制的兴趣范围。然而，患有亚斯伯格症候群的儿童并没有语言发展迟缓的现象，并且与自闭症患者相比，口头表达能力较强。此外，通常没有证据表明亚斯伯格症候群在认知发展上的迟缓现象，而智力障碍的现象在自闭症患者中却是普遍现象。患有相对轻度的亚斯伯格症候群也可以很成功，一般涉及逻辑分析、事实信息以及操纵对象（如计算机编程、工程学或数学）等领域，但是他们仍然会在社交场合交流困难。

为什么在硅谷会有越来越多的人得自闭症？

根据2001年史蒂夫·西尔伯曼（Steve Silberman）在《连线》杂志发表的一篇文章，全国范围内被诊断为自闭症的患者的人数有了显著增加的趋势。目前还不清楚这在多大程度上是因为诊断技术的改善或疾病（可能由环境中的毒素造成的）发病率的实际变化。美国加利福尼亚州立法机关在2002年的报告中，神经发育障碍医学研究所（Medical Investigation of Neurodevelopmental Disorders，缩写为MIND）指出美国加利福尼亚州在1987—1998年期间确诊为自闭症的患者呈现273%的增长趋势，数据表明这并不是由于诊断经验的变化。此外，西尔伯曼的文章中还公布了在硅谷以及其他大型科技领域诊断为自闭症和亚斯伯格症候群的患者的更高峰值。

对这种现象的一种解释涉及由心理学家西蒙·巴伦·科恩（Simon Baron-Cohen）首次提出的选型交配概念。众所周知，具有亚斯伯格症候群或自闭症特质（又称为自闭症谱特质）的人具有对计算机科学来说不可或缺的逻辑与分析思维方面的天分。同样，在物理、数学及工程学等相关专业的专业人士或学生中，自闭症患者呈升高趋势。因此，20世纪80年代科技产业的大量扩张为具有自闭特征的人比过去更多、更集中提供了平台。这样，有相似基因的男性和女性可能会走到一起，结婚生子。这样的父母会将他们的基因组合后传给下一代，增加了自闭症基因的集中。

▶ 导致精神疾病的原因是什么？

导致精神疾病的原因是复杂的，不可能单独指出是由哪一个原因造成的。然而，我们意识到许多因素促成了精神疾病，这样的促成原因称作危险因素。我们确实知道许多形式的精神疾病都具有与此相关的遗传因素，能产生神经递质

一些报告显示,从20世纪80年代开始在美国加利福尼亚州的硅谷诊断出的自闭症患者大量增加。(图片来源:iStock 图像)

(如羟色胺、多巴胺)的某些基因与几种形式的精神疾病相关。我们也知道童年早期的生活环境起重要的作用:稳定、友爱的环境能防止精神疾病;混乱、忽视及有创伤的环境会提高精神疾病的危险因素。儿童时期和成年时期的高度压力也会促成精神疾病的产生。

创伤后压力症候群和急性压力症等特殊的疾病具体都与极其紧张的事件相关。我们也知道物理环境对精神健康和精神疾病也有重要影响。环境毒素、滥用药物,甚至在子宫中滥用药物都会导致精神疾病的发生。

▶ 当谈到心理健康时,究竟是先天形成的还是后天培养的?

心理健康领域经历了就先天形成还是后天培养的辩论。20世纪中叶过分强调了环境因素对心理健康的影响。例如,像"精神分裂的母亲"和"冰箱母亲"这些词语就是对于孩子患有精神分裂症和自闭症的母亲的不必要的责备。从20世纪80年代开始,又强调了生物和遗传对心理健康的影响,在某些情况下又不必要地减少了环境的影响力。然而,在20世纪初,针对先天形成

▶ 有哪些名人患有精神疾病？

历史上许多名人都患有精神疾病。例如，美国总统亚伯拉罕·林肯患有重度抑郁症。（图片来源：iStock 图像）

下面列出了8位名人，这些人都有很高的成就，但都患有精神疾病。很多专门从事有关精神病患研究的组织为了减少精神疾病羞耻感而编制了类似的名单。国家精神疾病联盟（National Alliance on Mental Illness，缩写为NAMI）是一个有关精神疾病患者的宣传组织，他们在网站发布了这样一份名单。请注意这些诊断有些是有争议的，因为许多是在当事人去世后做出的诊断。

1. 亚伯拉罕·林肯（Abraham Lincoln，美国总统）：重度抑郁症
2. 英王乔治三世（King George III，英国君主）：由于卟啉症引起的精神障碍
3. 霍华德·休斯（Howard Hughes，实业家和飞行员）：强迫症
4. 威廉·斯泰伦（William Styron，作家）：重度抑郁症
5. 费雯·丽（Vivien Leigh，女演员）：躁郁症
6. 文森特·凡·高（Vincent van Gogh，艺术家）：颞叶癫痫
7. 约翰·纳什（John Nash，数学家和经济学家）：精神分裂症
8. 温斯顿·丘吉尔（Winston Churchill，英国首相）：重度抑郁症

还是后天培养辩论的一个综合理论发展起来。现在这种观点已经被广泛接受，认为一切心理过程都涉及遗传与环境的相互作用。我们的遗传通过影响我们与环境之间的互动来对我们周围的环境起作用，同样也塑造着世界对我们的回

应。此外，有研究表明，这种观点反过来也是正确的，环境也影响着我们的基因。更具体说来，不同环境条件（例如母亲的抚摸）可以影响某些特定基因的开启或关闭。

▶ 基因会导致精神疾病吗？

众所周知，主要的精神疾病并不是单基因疾病。与某些医学和神经系统疾病（例如亨廷顿氏病）不同，精神障碍不能归咎于任何一个基因。尽管多种基因都与精神障碍相关（例如，神经调节蛋白-1，儿茶酚氧位甲基和与精神分裂症相关的短棒菌素结合蛋白基因），但是这些基因是作为疾病的危险因素而不是明确的起因更能让人理解。不是所有具有这些基因的人都会有精神障碍，也并非所有有精神障碍的人都携带这些基因。因此，目前遗传学家认为大多数精神障碍都与一系列的基因有关，但目前已知道的仅仅是一部分。这些危险基因中的任何一个都会增加疾病的风险。一个人携带有的这些危险基因的数量越大，患有精神障碍的风险就会越大。

▶ 某些精神障碍是否比其他的精神障碍具有较强的遗传性？

不同的精神障碍依据遗传或环境的相对重要性而有所不同。最严重的精神疾病，如精神分裂症、躁郁症、自闭症和强迫症，被认为有很强的遗传成分，而环境因素在其中也发挥了主要的支持作用。像创伤后压力症候群、分裂性障碍以及很多环境成分占很大因素的人格障碍，遗传因素只是起到了支持作用。

人 格 障 碍

▶ 人格障碍与轴I疾病有什么区别？

前一部分讨论的综合征通称为轴I疾病，是指思维、情绪和行为的功能异常的特定形式。但是并不是所有的精神病理学都符合轴I的诊断。有时候问题会

更加广泛，不仅限于行为这一特定形式。实际上，问题与人的人格有关。虽然心理学家和其他心理健康专业人员都同意精神病理学可以反映出人格方面根深蒂固的问题，但是在人格病理学方面的共识较少。事实上，人格本身的定义还没有完全确定。

▶ 如何定义人格的概念?

虽然人格的研究方法有很多，但是我们可以通过说明个体的人格涉及稳定的感知模式以及与环境的相互作用来给人格下一个普遍的定义。这里包括人的认知、情感和行为反应，包括个人的自我认知以及与他人相关的典型模式。人格很大程度上是在青春后期或成年早期形成，这是非常难以改变的。尽管如此，在整个成年期间，人格并不是完全固定不变的，还是有可能改变的。

▶ 如何定义人格病理学?

一般而言，人格病理学可以定义为导致痛苦或功能异常、不属于个体文化准则范畴的持久型人格模式。人格病理学的大量研究可分为三种方法：范畴、维度和图式。范畴方法提出了不同种类的人格病理学可以划分的具体的类别，这些类别在《精神疾病诊断统计手册》中可以找到。维度方法指出，就各种人格特质强度而言，人与人之间存在差异，每个人都有有关人格特质测量的高分和低分的独特的概况。最有名的维度方法是由保罗·科斯塔（Paul Costa）和罗伯特·麦克雷（Robert McCrae）提出的五因素模型。图式方法比较复杂，来源于精神分析理论与认知心理治疗。鉴于此，我们的人格是由我们对自身的期待和对人际关系中他人的期待塑造而成的。这一系列的期望，即图式，很大程度上是从意识中运作的，在有意义的情况下引导我们的思想、情绪和行为。

▶ 是什么导致了人格病理学?

人格病理学既有环境起因又有遗传起因。图式法提出了人格病理的环境起因，考虑到了在童年时期与父母和其他关键人物的早期关系是如何塑造持久的人格特质的。精神病学家罗伯特·克朗宁杰（Robert Cloninger）指出，人格是由气质与性格组成的。气质是指由基因决定的生理基础上的人格特质；性格是指人格中最受环境影响的部分。用这种方式，他将人格的基因与环境的解释整合在了一起。

▶ 什么是图式法？

这里的图式法是指将人格看作是起源于一组对自我和他人的期待的任何一种理论，指导相关情形下的认知、情感以及行为反应。依靠理论定位，这样的期待称为图式、象征或内部工作模式。图式产生于早期儿童经历，成年后就很难改变，但不是不可能改变。例如，如果一个孩子的母亲很慈爱，有移情能力，并且情绪稳定，孩子就会认为这世界是安全的、可以理解的和仁慈的。这个孩子就会学会以坦率、友好的方式去接近他遇到的人，作为回馈，同样引起积极的反应。同样，如果这个孩子是在充满拒绝、伤害、忽视的环境中长大，他就会用一种怀疑和悲观的视角来看世界。这种消极的看法会引导孩子的行为，从而引起他人的消极或拒绝的反应，进一步证实了孩子的悲观图式。

这种人格病理学的普遍模式已经得到大量实证研究的支持，对很多类型的心理治疗的发展来说是不可或缺的。然而，这对诊断并没有很大的帮助，目前为止对诊断方案影响不大。此外，该模式仅说明了人格是通过后天学习获得的，而没有解释其先天的或生物学方面的因素。

▶ 图式法的历史是什么？

图式的一般概念源于精神分析理论。在精神分析的开始阶段，即19世纪末和20世纪初，研究焦点大部分集中在内驱力与防御力之间的冲突、性本能和攻击本能之间的冲突以及抑制它们的需求。随着时间的推移，著名的精神分析学家，像奥托·兰克（Otto Rank）、梅兰妮·克莱茵（Melanie Klein）、D. W. 温尼科特（D. W. Winnicott）、哈利·斯代克·沙利文（Harry Stack Sullivan）和W. R. D. 费尔贝恩（W. R. D. Fairbairn），扩充了相当狭小的研究范围，把他们的患者与周围世界相接触的特有的方式包括在研究范围内。在某种程度上，所有这些精神分析先驱学者把他们的成人患者的人格特质与他们儿童早期与父母的关系

联系到一起。这种方法后来被称作客体关系,包括了这一假设,即通过把外部世界的某一特定的景象深深地印在患者的脑海里,儿童早期的关系对成人的人格产生了影响。

▶ 什么是气质?

心理学史上一直争议的论题之一是关于哪种人格是先天决定的或者后天形成的。虽然有相当多的证据支持儿童早期的关系对成人的人格的影响,但是也有确凿的证据表明许多人格特质——像害羞、外向、追求感觉甚至冲动控制——都是由基因决定的。在20世纪90年代初,罗伯特·克朗宁杰(Robert Cloninger)提出人格反映了气质和性格的结合。他把气质定义为影响我们加工信息方式的、由基因所传递的先天的特征。他提出了三种特定的气质特征:逃避伤害、追求新颖和依赖奖励。他后来又增加了持之以恒,即尽管会遭遇挫折,还是要持之以恒朝着一个目标前进的趋势。

逃避伤害涉及避免风险的倾向,追求新颖涉及即使有风险也要寻求刺激的倾向,这两个方面都已经得到相当多的文献支持,似乎的确有遗传的成分。逃避伤害也许受到神经递质——血清素的调解,而追求新颖一直与多巴胺和去甲肾上腺素有关。

▶ 克朗宁杰的性格概念是什么?

克朗宁杰的性格概念与上面描述的图式法很相似。他认为性格涉及与环境相互作用的后天形成的模式,在很大程度上反映了儿童早期所形成的对世界的概念。克朗宁杰提出了三种性格特征:自我导向(进取心、责任心和个人能动作用)、合作性(乐于助人和亲社会取向)和自我超越性(精神倾向性,能够超越自我关注)。他的气质和性格库是一个自陈式问卷,有7个等级来测量4种气质和3种性格维度。

▶ 什么人格特质是由基因决定的?

克朗宁杰对气质和性格的区分表明一些人格特质是后天形成的,而另一些是先天决定的,这就引发了哪种人格特质归属于哪个种类的问题。遗传研究表明,许多基因或者为行为的激活或者为行为的抑制指定遗传密码。换句话说,影响人格的许多基因似乎或者为追求感觉、冲动和外向的特征,或者为焦虑、逃避伤害和内向的特征指定遗传密码。像酗酒、边缘性人格障碍和反社会型人格障碍以及注意力缺陷障碍这样的精神障碍都与行为激活基因有关,而像沮丧、焦虑和内向这样的其他障碍或特质都与行为抑制基因有关。

▶ 什么人格特质是后天形成的?

尽管与行为激活或者行为抑制相关的人格特质似乎受到基因的强烈影响,但是与信任、道德、移情和亲密能力相关的特质似乎更加强烈地受到环境的影响。

▶ 肯尼斯·肯德勒关于人格基因的研究告诉了我们什么?

心理医生肯尼斯·肯德勒(Kenneth Kendler)和他的同事已经进行了一系列的双生子研究,来调查各种人格特质的遗传(或者遗传基础)和精神综合征。双生子研究是通过对同卵双胞胎(占100%的基因)和异卵双胞胎(只占50%的基因)的比较进行的。如果与异卵双胞胎相比,有更多的同卵双胞胎的诊断相同的话,我们就可以假设这种障碍是具有遗传成分的。通过对2 794个挪威双胞胎样本使用非常复杂的统计分析,肯德勒和他的同事确定列入《精神疾病诊断统计手册》第四版的人格障碍诊断大约有25%归属于基因学,大约75%归属于非遗传原因,例如环境。还有,作者进行了因素分析,来确定哪些共同因素会影响多个诊断风险。

因素分析是通过识别双胞胎的人格障碍类别是大体一样的或者不同的而进行的;如果双胞胎人格障碍X是一样的,那么他们在人格障碍Y是一样的吗?用这种方法,作者分辨出或者受基因影响或者受环境影响的因素或者人格障碍类别。本研究辨别出三个基因因素:全面的负面情绪因素、冲动/不良行为控制因素和抑制/避免因素。有趣的是,环境的促成作用似乎没有形成类别。换句话说,环境的风险似乎对每种人格障碍都是独一无二的。

▶ 我们怎样诊断人格病理学？

我们通过对人格病理特征进行分类来诊断人格病理学。对人格障碍，《精神疾病诊断统计手册》是心理健康领域的官方的诊断系统。《精神疾病诊断统计手册》把人格障碍定义为"一种明显偏离了个人的文化期望的持久的内心体验和行为模式，它是普遍的、可变通的，在青春期或者成年早期开始，随着时间的推移变得固定，并导致痛苦或者损害"。《精神疾病诊断统计手册》第四版修订版列出了被划归为A、B和C类别的10种人格障碍。第十一种诊断，不是其他特定的人格障碍，目的是用于对不适合其他10种诊断的人的集中诊断。

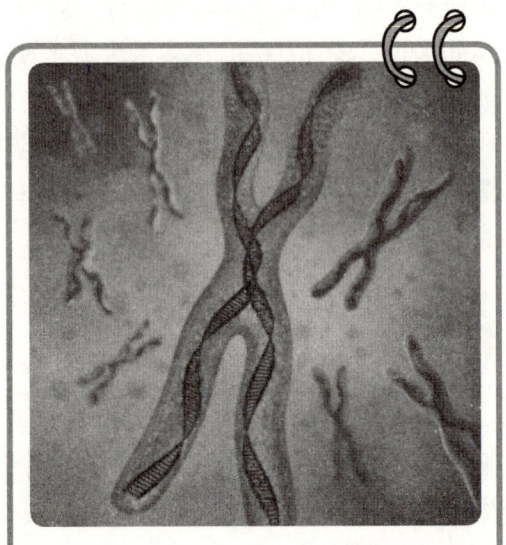

基因决定着我们的一些人格特质，而环境也起着重要作用。（图片来源：iStock 图像）

还有另外两种人格诊断——抑郁和被动攻击（否定性），被列在附录中有待进一步研究。归属于A类别的障碍：包括偏执型人格障碍、精神分裂和分裂型人格障碍，具有异常的或者怪癖的特质；归属于B类别的障碍：包括表演型人格障碍、边缘型人格障碍、自恋型人格障碍和反社会型人格障碍，被看作是冲动的和情绪不稳定的；归属于C类别的障碍：包括回避型人格障碍、依赖、强迫型人格障碍，是与焦虑程度高有关。

▶ 《精神疾病诊断统计手册》第四版对人格障碍诊断的优点和局限是什么？

《精神疾病诊断统计手册》第四版已经表明有很高的评估间信度和内部一致性。换句话说，不同的评估者用类似的方法能对人们进行可靠的诊断，每种诊断的不同标准相互间关联性大。除此之外，它们已经对许多重要的临床特征

（例如，自杀、吸毒、人际关系问题、犯罪活动）进行了预测。换句话说，《精神疾病诊断统计手册》的人格障碍诊断是与临床相关的。然而，这一系统也有问题。首先，分类方法并不能说明严重性，没有说出你是处于轻度还是重度，了解这一点远远比不相关的诊断重要。其次，诊断并不相互排斥，人们也许会符合不止一种的诊断标准。再有，诊断远非详尽，许多种类的人格病理在《精神疾病诊断统计手册》第四版中不容易被诊断。

▶ 什么是维度法?

尽管分类方法（在《精神疾病诊断统计手册》中可以看到）要竭力列出一个全面的人格类别单，但是维度法却关注因人而异的重要的人格特质。人格的五因素模型已经在研究中得到相当多的重视。正如保罗·科斯塔（Paul Costa）和罗伯特·麦克雷（Robert McCrae）所呈现的那样，五因素包括经验开放性、自觉性、外向性、宜人和神经质（OCEAN）。这些特质最初是通过因素分析研究分辨的，因素分析研究中的评定量表是由好几组情感词汇组成的，对量表进行分析来查明哪些词可以归类在一起。

心理特质分为5种不同的类别。这些类别的标签在不同的研究中略有变化，但是五因素标签现在被广泛地接受。即使有很好的证据表明这些特质与临床相关的结果有关联，随着时间的变化会变得稳定，有一定的遗传组成成分，但是重要的是要注意它们来源于单词表的统计分析，而不是来源于临床观察。因此，它们在临床环境下的实用性也许是有局限的。五因素模型也因为不能提供实际的人格理论，只是提供一套实证结果而受到批评。

▶ 什么是边缘型人格障碍?

边缘型人格障碍，用其完整的形式表述，是《精神疾病诊断统计手册》人格障碍中最严重的人格障碍之一，它被归类为B类别的人格障碍，具有高度不稳定和剧烈的行为特征。为了符合《精神疾病诊断统计手册》第四版诊断的标准，人们在下列诊断标准中至少符合5条：竭尽全力避免真实的或者想象的遗弃；在把他人理想化和贬低他人之间来回摆动下的一种非常紧张和不稳定的人际关系模式；以极其不稳定的自我感所反映出的身份干扰；至少有两个方面（例如，

性、滥用药物、暴饮暴食）的明显冲动；经常性的自杀行为、手势、威胁或者自残行为（没有死的意图而割伤自己或者燃烧自己）；长期的空虚感；调节不善的愤怒与不适当的恼怒；瞬变的和由压力引起的偏执意念或者严重的分离性症状。许多研究已经把边缘性人格障碍与严重的创伤经历联系到一起，例如儿童性虐待，尽管并不是所有具有这种人格障碍的人报告有过这样的经历。

▶ 自恋一定是坏事吗？

自尊、社会地位和成就是人类心理学的普遍关注点。此外，没有多少人能够完全摆脱自负的或者不安全的行为。因此，我们把自恋型人格障碍看作是包括人类正常倾向的一系列行为的极端点。还有，大量的研究表明某种程度的自恋是可以适应的。罗伯特·埃蒙斯（Robert Emmons）在1984年的研究中发现，几种自恋特质与像自信、外向性、能动性和抱负这样的可适应的人格特质的测量相关联。还有，埃里克·拉斯（Eric Russ）和同事在2008年的研究中分辨出了自恋型人格障碍的三个次种类，并标记为宏伟的/恶意的、脆弱的，以及高功能的/表现癖的。第三个次种类比其他两个次种类显示了极少的精神病理学和较高的适应功能。因此，某种程度的自恋在抱负、能动性和自信方面是可以适应的。然而，具有严重自恋特质的人会遭受显著的人际关系、情感，甚至职业方面的困难。

▶ 什么是反社会型人格障碍？

具有反社会型人格障碍的人都有严重的道德缺失，他们有冷酷的剥削的行为特点，缺少同情或后悔。在保持与这种障碍相关的经常性的冲动和鲁莽行为方面，反社会型人格障碍被归类为B类别的人格障碍。与这种人格相关的词汇是精神病。毋庸置疑，具有反社会型人格障碍的人在监狱中特别常见。根据《精神疾病诊断统计手册》第四版，具有这种障碍的人表现出了一个普遍的无视他人权利的模式，如果符合下列诊断标准中至少3条就可证明：多次从事违法违规行为；经常说谎、使用别名或者哄骗他人以获取个人利益；展示出冲动和缺乏未来规划；表现烦躁和攻击性；显示不顾自己和他人的安全；一贯不负责任，屡次工作维持不下去或者不能履行供养家庭义务；缺乏悔意，明显表现为冷淡，或者缺乏合理化,伤害并虐待他人、偷窃他人财物。然而,这种定义也受到了批评,因为它过多关注行为而不是人格特质,还有需要15岁之前的行为障碍证据(儿童的反社会型人格障碍的变量)。

 ▶ **我们现在比我们过去更加自恋吗?**

　　尽管某种程度的自恋是可以适应的,但是过分自恋会造成严重的问题。自恋特质似乎是对环境、反馈或者人们从他们的社会环境选取的价值观高度敏感。因此,自恋特质会有其文化成分。

　　心理学家珍·特吉(Jean Twenge)和同事在2008年的研究中,比较了1979—2006年之间参与研究的16 475名大学生的自恋人格量表(NPI)得分。使用了元分析技巧,即多项研究的数据集中在一起,研究者发现了在过去几十年中自恋人格量表得分在显著增加。使用20世纪80年代初期的标准,在2006年被测试的大学生的平均分数已经上升了15%。此外,在2006年大学生的平均分数基本上相当于马克·杨(Mark Young)和德鲁·宾斯基(Drew Pinsky)在2006年的研究中所报告的名人样本的平均分数。有趣的是,自恋人格量表得分的变化大部分是由于女人自恋的增加,尽管男人传统上一直比女人的自恋人格量表得分高,但是,到了2006年,女人在缩小差距。

▶ 什么是分裂型人格障碍?

　　分裂型人格障碍与上面提到的3种人格障碍完全不同。分裂型人格障碍被归类为A类别的人格障碍,具有分裂型人格障碍的人易于抑制和孤僻,与归类为B类别的人格障碍的人形成了鲜明的对比。一般来说,分裂型人格障碍具有不适应社会环境的古怪的行为特征。

　　《精神疾病诊断统计手册》第四版诊断需要符合下列9条诊断标准中的5

条：关联的想法（但不是妄想）；古怪的信仰或者神奇的思维（例如，多疑、感应）；不寻常的身体经验；奇怪的思维和言语（例如，含混不清或者啰唆）；猜疑或者偏执；不适当的或者受抑制的影响（表达情感）；古怪的或者奇特的行为或外貌；缺少亲密的朋友而不是亲戚；过度的社交焦虑。

当人们有关联的想法的时候，他们认为环境中的事件涉及他们，尽管事实上没有关联。例如，某人走进屋子，认为屋子里的每个人或许都在谈论他/她。具有分裂型人格障碍的人在他们的家庭中精神分裂症的发病率有上升趋势，所以精神分裂症可能具有一些遗传因素。

▶ 如果你的环境支持你的行为,你还是人格障碍吗?

根据定义，《精神疾病诊断统计手册》第四版中的精神障碍会引起困扰或者功能障碍，但必须在人们的文化规范之外。尽管如此，仍有符合《精神疾病诊断统计手册》第四版人格障碍的标准情形的人在环境中得到保护，不受困扰或者不受功能障碍。例如，非常有权势的、富有的或者著名的人会受到庇护，不会承受行为的社会消极后果，因为这种后果在弱势的个体中是绝不被容忍的。事实上，报纸上总是有关于名人和政客的蛮横行为的报道。尽管有这样的行为，但如果这些人继续在他们的生活中获得成功，那么他们的行为仍然符合人格障碍的标准吗？这样的问题不容易回答，但是我们设想当这样的行为真的开始造成消极后果的时候，这些有人格病理的个人是无法改变他们的行为的，反而健康的人会去适应他们。

▶ 对《精神疾病诊断统计手册》第四版人格障碍的诊断需要做什么改变吗?

美国心理学会（APA）对人格障碍的诊断提出要进行相当大的改变。一方面，他们想要把人格障碍的诊断连同其他所有的精神障碍甚至医疗障碍瓦解，形成一个中心。他们也消除了大多数的实际诊断类别，只留下5种人格种类，特别是反社会/心理变态型人格障碍、回避型人格障碍、边缘性人格障碍、强迫性人格障碍以及分裂型人格障碍。每个患者在他/她自身受损害的严重程度和人际功能方面得到评价，这就决定了对他们自己及他人理解的成熟性和稳定性。最后,患者会在6个广泛的人格特质领域被评定,包括负面情绪、内向、对抗、失控、强迫症和精神分裂人格特质。每个广泛的领域都有一系列的特质面,例如,在失控领域下,有冲动、分心和鲁莽的特质面。尽管这个系统考虑到了许多临床的理论和研究,但是它也非常复杂——这使得它在现实环境中应用有点困难。

药 物 滥 用

▶ 什么是瘾?

一般来说,"成瘾"这个词是指一种迷恋的愿望或者渴望某物或某项活动的状态超出了正常使用范围,达到了造成伤害的程度。早在1964年,世界卫生组织(简称WHO)在心理健康方面就禁止使用"成瘾"这个词,认为这个词过于口语化,不够精确。因此,主要的诊断系统,《精神疾病诊断统计手册》和《国际疾病分类》(ICD),诊断用词是"药物滥用和药物依赖"而不是"成瘾"。尽管如此,"成瘾"仍然是本领域及大众文化中被广泛使用的词汇。尽管使用"成瘾"这个词一般是指某一化学物品,像海洛因或者可卡因,人们也指行为成瘾,像强迫性赌博或者性成瘾。事实上,一种新的行为成瘾分类正在被考虑放到《精神疾病诊断统计手册》第五版中。

▶ 最近的统计数字谈论了有关美国的药物使用的哪些方面?

下面的数据来源于由美国卫生和人类服务部(the U. S. Department of Health and Human Services)的一个分支机构,美国药物滥用和精神健康服务管理局(SAMHSA)所进行的2007年全国药物使用和健康调查。数据是基于对年龄在12岁或者12岁以上的67 870名受试者而进行的采访,两个主要的调查结果引人注目。其一,在娱乐方面的药物使用是非常广泛的,影响差不多一半的美国人。尽管如此,很容易让人成瘾的药物如海洛因和甲基苯丙胺的使用,比不太让人成瘾的药物如大麻和止痛药,要少见。其二,在终身使用和最近使用上有很大区别,这表明对大多数人来说,娱乐性药物使用或者是罕见的或者是暂时的。

美国使用药物的人数的百分比（**2007年**）

药 物	终身使用	过去的一年	过去的一个月
所有种类	46.1	14.4	8.0
大 麻	40.6	10.1	5.8
可卡因	14.5	2.3	0.8
海洛因	1.5	0.1	0.1
迷幻剂（例如，迷幻药、五氯酚、"灵魂出窍"迷幻药）	13.8	1.5	0.4
吸入药	9.1	0.8	0.2
非医疗用途的治疗	20.3	6.6	2.8
止痛药	13.3	5.0	2.1
安定药	8.2	2.1	0.7
镇静药	3.4	0.3	0.1
兴奋剂	8.7	1.2	0.4
甲基苯丙胺	5.3	0.5	0.2

▶ **娱乐性的药物使用和成瘾有区别吗？**

　　差不多有一半的美国人在他们的生活中的某些时候使用过非法的药物。如果包括酒在内，娱乐性药物的使用人数比例就更高了。许多人会使用作用于精神的无害的药物。然而，成瘾却是另一码事了。重度成瘾，特别是对海洛因、可卡因或者甲基苯丙胺这样的大多数成瘾药物来说，糟蹋了人的生命。事业、健康、家庭，甚至整个社会都会被吸毒所破坏。还有，大约10%依赖这种药物的人是在由药物诱发的抑郁症中自杀的。

▶ **成瘾、药物滥用和药物依赖之间有什么区别？**

　　"成瘾"这个词是指任何种类的强迫性使用或者过度依赖某一药物或活动

的词的总称。在《精神疾病诊断统计手册》第四版中,药物滥用的特征是尽管有显著的消极后果但仍然继续过度使用。更具体说,药物滥用就是经常使用药物,导致不能履行主要角色的义务;处于危害身体的境况(例如酒后驾车);经常性的法律问题;尽管一再有消极的社会后果仍继续使用。

药物依赖更严重。除了造成社会的、职业的和经济的问题外,药物依赖也是对药物的生理成瘾。两个最重要的特征包括耐受性和断瘾。此外,尽管有明显的生理或者心理的损害,但是随着时间的推移,所使用的药物的数量有增加的趋势,虽有削减药物的持久的愿望或者有这种想法但没有成功。找寻这种药物需花费相当多的时间,所以患者会因为使用药物或者继续使用药物而牺牲了重要的生命活动。

滥用药物的人不顾其消极的后果继续使用药物,而药物依赖的人也经受着药物耐受性和断瘾的痛苦。(图片来源:iStock 图像)

▶ 耐受性和断瘾是什么意思?

当人们产生了耐受性,他们对药物变得不敏感了,就会需要越来越多的药物以达到同样的效果。不同的药物在多大程度上可能产生耐受性有所不同,例如,苯丙胺和鸦片类药物的耐受性一般比酒的耐受性强。事实上,滥用鸦片类药物的人,如海洛因或者吗啡,会对镇痛效果产生耐受性,这在药物滥用结束后会持续多年。因此,有过鸦片类药物滥用或者依赖的人经常比一般人需要更多的鸦片类药物来治疗疼痛。

断瘾是指当中止药物的时候所发生的生理症状。因为大脑已经适应了化学品,消除这种化学品会使大脑处于失调的状态。断瘾可能是相当痛苦和危险的。由于依赖药物,断瘾症状可能包括心率的变化、呕吐、神志迷乱、疼痛甚至发作。

断瘾的效果一般与成瘾的效果正相反。例如，在对可卡因成瘾的过程中人们感觉精力充沛和愉悦，但是在对可卡因断瘾的过程中他们会感觉疲惫和郁闷。

▶ 成瘾愉悦吗？

遭受药物依赖的人几乎不会说成瘾是愉悦的。许多成瘾的人会说使用药物最初感觉是愉悦的，但是随着开始成瘾，这种愉悦就被欲望所抵消。在这个时候，就像药物带给人愉悦感一样，他们使用药物来减少欲望的不适感或者断瘾。

▶ 多巴胺在成瘾中起什么作用？

越来越多的研究机构着手于化学品中多巴胺系统的重要作用，甚至是行为成瘾。像可卡因、苯丙胺和尼古丁这样的药物对多巴胺系统有直接的影响。其他药物，像海洛因和大麻，也许会对这一系统有间接的影响。多巴胺神经元来源于腹侧被盖区的中脑区域。这些多巴胺神经元覆盖大脑的中部，与前脑的伏隔核的小结构相连。

这个系统叫作中脑边缘多巴胺域，它是多巴胺奖励系统的一个重要部分，它似乎参与激活有机体追求有意义的刺激。换句话说，这一系统对动物感受欲望和动机起重要作用。激活奖励系统会刺激愉快、活力和激情这样愉悦的感受。许多药物滥用直接刺激了这一化学系统，提供了直接的、强烈的愉悦感受。事实上，它们模仿了大脑的天然化学物。

令人遗憾的是，天下没有免费的午餐。随着时间的推移，通过外界化学物来激活多巴胺奖励系统改变了大脑的结构，降低了大脑自身调节多巴胺系统的能力。

▶ 吸毒如何改变大脑？

吸毒作用于大脑的神经递质——这个协调神经元（大脑细胞）之间相互作用的化学传递者。由于药物滥用对神经递质的直接影响，经常在神经递质功能上有戏剧性的变化。例如，在对模仿神经递质的异质化学品的反应中，神经元会减少其自身神经递质的产生。受体部分会相继死去。神经元真实结构的改变加速成瘾的过程。当大脑产生较少的神经递质或者不能够对它进行加工的时候，欲望就开始产生了。药物耐受性,这种使用越来越多同样的药物以达到同样的心理效果的需要,也与神经元结构的改变有关。还有,神经元的改变会导致大脑体积的减少,也就是脑萎缩。这与认知、情感和心理退化有关联。

▶ 某些药物更容易上瘾吗?

药物使人上瘾的潜能各不相同,至少有两种方法可以判断。一种是药物的半衰期,指的是药物通过身体所需要的时间。具有短暂半衰期的药物经常效果迅速,但是也有急剧的断瘾反应,这可导致成瘾。具有较长半衰期的药物速度慢,也不激烈,不会造成突兀的断瘾症状。然而,其造成的断瘾症状会持续较长时间,因为药物全面清除出系统需要更多的时间。药物引起的多巴胺上升强度也影响它的成瘾性。尽管像可卡因、尼古丁和苯丙胺这样的药物都造成多巴胺活动的上升,但是它们在所造成的上升强度方面却千差万别。

▶ 为什么甲基苯丙胺使人如此上瘾?

甲基苯丙胺(也称作冰毒)发源于西海岸,横跨美国中心,是如今东海岸的新的滥用药物。尽管它在美国流行最近才开始,但它却是在20世纪就发展起来的,在第二次世界大战期间被日本人和德国人使用。它是具有毁灭性的成瘾性药物,能在相当短的时间内使药物使用者上瘾。

它使人成瘾的力量之大的一个原因是所造成的多巴胺上升的强度比可卡因和尼古丁大得多。这种上升比基线水平高出10—12倍,比像食物或者性这样的自然奖赏所引起的上升强度高出5—10倍。同时,这种上升能持续好几个小时。可悲的是,这种大大增强了的多巴胺的释放在神经中毒的过程中损害了多巴胺神经元。在使用几天的时间内即可使人和动物的多巴胺神经元发生变化,而这种影响可持续几个月甚至几年。

▶ 有关药物滥用或药物依赖的人口百分比数量,最近的统计数字是多少?

下面的表格显示了2007年间所列举的符合药物滥用或者依赖每种药物的

美国人口数量的百分比。人口数量（年龄在12岁及12岁以上）的每个百分比等同于差不多250万人。换句话说，在2007年，超过2 200万人有过某种药物滥用或者药物依赖的经历。这些数据来源于美国卫生和人类服务部的一个分支机构，美国药物滥用和精神健康服务管理局（SAMHSA）所进行的2007年全国药物使用和健康调查，受试者的年龄在12岁或者12岁以上。药物滥用和药物依赖是基于《精神疾病诊断统计手册》第四版的标准。

2007年美国药物滥用或者药物依赖统计数字

药　物	药物滥用或者药物依赖	药物依赖
任何种类	9.0	4.7
酒	7.5	3.4
大　麻	1.6	1.0
可卡因	0.6	0.5
海洛因	0.1	0.1
迷幻剂（例如，迷幻药、五氯酚、"灵魂出窍"迷幻药）吸入药	0.1	0.0*
非医疗用途的治疗	0.9	0.6
止痛药	0.7	0.5
安定药	0.2	0.1
镇静药	0.1	0.0*
兴奋剂	0.2	0.1

＊发生率太低了，没有报告。

▶ 成瘾是否有遗传基础？

　　过去几十年相当多的研究已经表明了成瘾有基因的成分。与神经递质血清素相关的特定的基因一直与早发性酗酒有关，尽管这与酗酒本身或者行为控制差是否有关还不太清楚。此外，肯尼斯·肯德勒（Kenneth Kendler）和同事通过双胞胎研究，来调查基因和环境对6种不同药物的滥用和依赖的相对作用。这6种药物是：大麻、可卡因、迷幻剂、镇静药、兴奋剂和鸦片类药物。通过对1 196对男性双胞胎的比较，作者得出结论：平均来看，每种形式的吸毒大约55%归属于基因，45%归属于环境。

此外，一般来说，基因似乎易于对养成吸毒有影响，但不是对任何药物都成瘾。有趣的是，与基因（23%）相比，鸦片类药物成瘾似乎更加受到环境（78%）的严重影响。也许跟其他相比，鸦片类药物不太容易得到，因此鸦片类药物滥用更多地依赖环境中接触到这类药物。

药物和犯罪是紧密相连的，部分原因是由于成瘾，经常导致上瘾者失去工作，转向犯罪。（图片来源：iStock 图像）

▶ 童年时期的创伤与成瘾有什么关系？

有相当多的证据表明童年时期受到的创伤和忽视与成年时期的成瘾有联系。换句话说，成瘾的成年人报告了他们童年时期所受到的创伤和忽视的发生率比没有成瘾的成年人要高。心理和神经生物两方面的研究显示不适当的养育和遭受过伤害的童年经历会深深地干扰成熟的自控力的发展，包括调节情绪和行为的能力。在这些情况下，药物使用会很有吸引力，因为它起到了（至少最

先）降低消极情绪、提高积极情绪的作用。在缺乏有效的情绪调节能力的情况下，任何通向积极倾向的捷径都是很有吸引力的。还有，冲动控制能力差的人不太可能监控他们的药物使用，因此，娱乐性药物使用更可能升级到成瘾。

▶ 美国如何按年龄对药物使用进行分类？

　　下面的表格显示了2007年药物滥用或药物依赖的发生率。正如图表所清晰显示的，药物使用障碍早在十几岁的时候开始，高峰期在21岁，随后就降低下来。21岁后的急剧下降与所做的研究发现是相一致的，研究显示许多人在没有接受治疗的情况下克服了他们的药物滥用问题。这些数据来源于美国卫生和人类服务部的一个分支机构，美国药物滥用和精神健康服务管理局所进行的2007年全国药物使用和健康调查，受试者的年龄在12岁或者12岁以上。药物滥用和药物依赖的分类是根据《精神疾病诊断统计手册》第四版的诊断标准。

2007年美国按年龄对滥用或者依赖药物或酒的人数所统计的百分比

年　　龄	非法药物	酒	药物或酒
12	0.7	0.5	1.1
13	0.9	1.1	1.7
14	3.2	2.9	5.0
15	5.5	7.4	9.8
16	6.9	7.9	12.1
17	8.4	12.1	15.8
18	8.0	12.5	16.4
19	9.6	17.2	21.8
20	9.2	17.7	22.2
21	9.4	20.5	24.6
22	7.5	19.4	23.0
23	7.2	18.1	21.8
24	6.2	15.7	19.1

年　龄	非法药物	酒	药物或酒
25	5.9	14.2	17.1
26—29	4.1	12.3	14.5
30—34	3.0	9.4	10.9
35—39	2.4	7.7	9.0
40—44	2.2	7.4	8.9
45—49	1.9	8.2	9.2
50—54	1.0	5.2	5.9
55—59	1.1	4.8	5.9
60—64	0.2	3.2	3.3
65及以上	0.2	1.3	1.4

▶ 成瘾与犯罪有什么关系？

出于一些不同的原因，吸毒确实会引起犯罪。首先，成瘾会毁坏人继续工作的能力，也就没有办法支付药物费用。在这种状况下，吸毒者就转向犯罪，以便获得所需要的钱购买药物。常见的犯罪活动形式包括抢劫、毒品交易以及卖淫。其次，许多药物滥用削弱了判断力和冲动控制力，这增加了鲁莽和犯罪行为的可能性。事实上，据估计55%的车祸和50%以上的谋杀案件都涉及酒精中毒。大多数的西方国家都取缔了最常见的易造成滥用的药物。令人遗憾的是，这未能消除对药物的需求（尽管许多人争论这确实减少了需求）。因此，非法药物市场转到地下，成为罪犯的活动地。非法毒品贸易的竞争导致了大量的暴力，其可追溯到20世纪20年代的黑帮大佬艾尔·卡彭（Al Capone）时代。

▶ 吸毒者对他们的成瘾有多大的控制力？

吸毒不是一种精神障碍。人们对他们的药物使用和药物选择总是有意识的，因此我们不能说成瘾的个人选择不了或者控制不了他们的药物使用。尽

管如此，认识到成瘾改变大脑是很重要的。在最容易上瘾的药物中，欲望是难以抵挡的，抑制自我毁灭行为的能力极弱。这是因为监控行为、运用社会判断和抑制有害行为的部分大脑显著受损，与此同时，奖励系统使用过度。所以，公平地说成瘾的个人对他们的行为有些控制力，但是比不成瘾的人的控制力要小得多。

▶ 变化的阶段是什么？

有变化的动机是戒毒治疗的主要因素。一些成瘾的人几乎没有或者没有改变他们的行为的动机，或者他们的动机不会持续下去。在1994年，詹姆斯·普罗查斯卡（James Prochaska）、约翰·诺克罗斯（John Norcross）和卡罗·迪克莱门特（Carlo DiClemente）发表了他们有关变化阶段的模型，模型描述了人们在决定改变他们的成瘾行为时所经历的6个不同的阶段。这一模型已经被广泛运用于戒毒治疗中。

第一个阶段叫作前沉思阶段。在这个阶段上，个人不相信自己有问题存在，并且抵抗改变的建议。关于问题的程度大多持否认态度。

第二个阶段叫作沉思阶段。在这个阶段上，个人意识到了问题的存在，并且开始考虑采取行动进行改变。

第三个阶段叫作准备阶段。成瘾者正在采取措施准备改变。例如，他/她会开始研究戒毒治疗选择方案或者与家人和朋友谈论停止使用药物的意愿。尽管如此，关于戒掉药物仍然有矛盾。

第四个阶段叫作行动阶段。在这个阶段上，成瘾者采取实际措施停止药物使用。这会涉及加入12步骤小组——一个门诊患者治疗中心，或者甚至被接收入院治疗。成瘾者也认识到有必要改变与成瘾相关的大范围的心理和社会模式。

第五个阶段叫作保持阶段。成瘾者已经成功地停止使用药物，但仍然有持续的复发风险，需要小心，防止倒退。需要持续的支持和治疗，经常以12步骤小组的形式，像嗜酒者匿名互诫学会（Alcoholics Anonymous，缩写为AA）。也需要继续关注处理情绪、关系和责任的方法。

第六个阶段叫作终止阶段。人们已经成功地克服了成瘾。使用药物的诱惑力不再是显著的危险。尽管如此，人们不一定以一种简单的方式经历这些阶段，各阶段之间经常会有反复。

▶ 治疗成瘾可以使用哪些方法?

幸运的是,治疗成瘾的方法有很多,通过药物治疗断瘾、降低药物欲望或者药物带来的享受感。心理社会治疗包括各种各样的治疗,这些治疗的设计是为了帮助成瘾的个人选择停止使用药物,对抗欲望,在不依靠药物的前提下处理日常生活中的情绪和人际间的诸多挑战。

治疗方法不同,有从最不受限制的治疗到最受限制的治疗。根据成瘾的严重程度,包括停止药物的动机、在社会中起作用的程度、共存的精神或医疗的问题以及家庭支持的程度,成瘾的个人在他们的治疗中需要对症治疗。不太使人衰弱的成瘾程度,如果高功能运作,他们会在门诊或者12步骤方案中,如嗜酒者匿名互诚学会中,成功断瘾。

成瘾已经完全占据了他们生活的那些人需要更多的治疗手段,像住院戒毒(在这里他们在断瘾过程中会得到帮助)、住院康复(在这里他们的成瘾问题在短期的居住环境中得到解决),或者较长期的治疗社团。在治疗社团中患者需居住1—2年的时间。

▶ 什么是成瘾的药物治疗?

即使用许多药物治疗断瘾。一般使用与药物滥用相类似的药物治疗断瘾。用这种方法,个人会慢慢戒掉化学物质。治疗酒精断瘾的常见药物包括一类抗焦虑药物,如苯二氮,特别是安定类药和利眠宁。像对海洛因、大烟、吗啡,或者羟可酮这样的鸦片类药物的断瘾,经常用美沙酮和可乐定治疗。美沙酮是最常见的治疗鸦片类药物成瘾的药物,起到了减少欲望和断瘾的作用。也可通过阻断鸦片类药物和酒精的增强作用,使用纳曲酮兰来减少欲望。

▶ 美沙酮是什么药物以及它如何起作用?

美沙酮是一种长效的鸦片类药物,在有经营执照的美沙酮维持治疗门诊的

监督下,可配给鸦片类药物成瘾的个人使用。由于它比大多数鸦片类药物滥用具有较长的效果,所以个人就较容易维持稳定的药物血药浓度,这减少了断瘾和欲望的发生率。它引起的快感也不比其他鸦片类药物高,所以它不可能被用作娱乐性药物。有相当多的研究表明美沙酮维持治疗降低了犯罪、暴力、医疗问题和与严重的鸦片类药物成瘾相关的道德问题。尽管如此,有关美沙酮维持治疗也存在争议,因为许多人会转而多年依赖美沙酮而不是完全摆脱了药物。治疗鸦片类药物成瘾的替代药物包括丁丙诺啡和乙酰美沙酮。然而,由于乙酰美沙酮对心脏有罕见的不良反应,所以它在美国和欧洲购买不到。

▶ 戒酒硫是什么药物以及它如何起作用?

双硫仑(品牌名称"戒酒硫")通过引起身体对酒精的不适反应,用于治疗酗酒。双硫仑干扰了酒的代谢。服用了双硫仑后饮酒,会引起恶心、呕吐和其他许多不愉快的症状。由于药物存留在身体系统里至少一星期时间,所以它会是不喝酒的强有力的动力。然而,不建议长期使用这种药物,因为它会引起肝损伤。此外,在服用双硫仑期间喝酒会有潜在的致命危险,所以不建议给冲动性患者使用,因为这种患者尽管知道其严重后果还是会喝酒。这种治疗只对决心大的患者有用,因为他们愿意服用药物,并且避免喝酒。戒酒决心差的人只能停止服用戒酒硫。

▶ 什么心理治疗方法对成瘾很有作用?

对成瘾有许多心理治疗方法。组群疗法在降低成瘾、面对拒绝承认存在的问题以及为他们戒除成瘾提供鼓励和支持方面很有用处。作为社会的一员,我们都对同伴有高度暗示的影响作用,易于符合群体规范。在组群疗法中,这种普遍的趋势具有建设性的用途。个体治疗集中在不需要药物的前提下所需要的生活技能,这样的治疗提供了有关成瘾影响方面的知识、建立了处理欲望和避免复发的应对技巧,以及帮助个人重新建立人际关系和不使用药物的前提下解决压力。

动机访谈是相对较新的技术,是由威廉·米勒(William Miller)和斯蒂芬·罗尔尼克(Stephen Rollnick)提出的。动机访谈谈论当事人改变他们的行

组群治疗已经被证明在治疗成瘾方面是有效的。（图片来源：iStock 图像）

为的矛盾。在这短暂的介入中，要求当事人考虑药物使用的利弊，并辨别出他们的个人目标。咨询专家用一种非判断和反思的方式，目的是要指导当事人拥有更大的决心进行改变。

▶ 什么是12步骤方案？

　　尽管大多数的药物滥用治疗依靠心理健康专业人员，但是12步骤方案完全由成员管理。嗜酒者匿名互诚学会（AA）是第一个12步骤方案，它是由比尔·威尔森（Bill Wilson）和罗伯特·史密斯博士（Dr. Robert Smith）在1935年开办的，他们俩分别是纽约股票经纪人和俄亥俄州外科医生。嗜酒者匿名互诚学会现在在世界各地150多个国家拥有200多万个成员，它为那些希望停止饮酒的戒酒群体提供支持。根据会议内容是否对自己有用，成员可以参加日常会议或者甚至每天参加多个会议。最初的出版物《嗜酒者匿名互诚学会》在1939年出版，现在已是第四版了。这个出版物就如何改变行为和保持清醒提出了具体的指导，包括走向康复的12步骤方案。这12个

步骤包括在这些方法中,如承认自己对控制饮酒无能为力、向比自己强势的人寻求帮助、进行诚实的个人道德的鉴定记录以及修改过去的不良行为。其他众多的12步骤方案已经出现,包括嗜麻醉剂者匿名互诫学会(Narcotics Anonymous)、过食者匿名互诫学会(Overeaters Anonymous)、嗜性者匿名互诫学会(Sex Addicts Anonymous)和嗜赌者匿名互诫学会(Gamblers Anonymous)。

心 理 治 疗

▶ 什么是心理治疗?

从根本上说,心理治疗涉及谈话,即患者把他们的心理问题呈现出来进行治疗。治疗师通过口头讨论,目的是要减少患者的痛苦。即使心理治疗所涉及的远远超出了只是谈话,但是它强调谈话,区别于其他种类的治疗——像物理的、言语的、职业的或者药物的治疗。事实上,安娜·弗洛伊德(Anna Freud),世界上最早的心理治疗患者之一,把它描述成"谈话治疗"。安娜·弗洛伊德是西格蒙德·弗洛伊德(Sigmund Freud)个案史中的一个,个案史写在了他1895年的《歇斯底里症研究》(Studies on Hysteria)中。

▶ 心理治疗如何起作用?

心理治疗帮助人们感觉更好至少有3个机制:社会支持、洞察力和技能构建。大量的研究显示了社会支持在心理健康各方面的强大效果。当人们感到压力的时候,向另一个人诉说自己的问题是极其有帮助的。尽管如此,心理治疗提供的远远不只社会支持,否则的话,就不需要训练有素的专业人员了——朋友和家人也会做得一样好。心理治疗也有助于人们获得洞察力,帮助他们了解他们的动机、情绪和行为以及他们对他人的影响。

具有更好的自我认识,人们准备好处理生活的挑战。此外,一些人缺少在生活中运作良好的必要的心理技能。例如,他们在处理怒气、沟通冲突、保持积极

1995年，《消费者报告》杂志发表了关于心理治疗效果的一项大型研究。这项大型研究的一部分是发放了心理健康问卷，有关治疗器具和服务的意见方面调查读者的投票数量。在发放给18万人的问卷中，回收了2.2万人的问卷，7 000人回答了精神健康问题。其中，3 000人已经与家人、朋友或者牧师讨论过情绪问题；4 100人已经求助于心理健康专业人士、支持群体，或者家庭医生联合体；2 900人已经咨询了心理健康专业人士，最频繁的是心理学家（37%）、心理医生（22%）或者社工（14%）。

调查显示了由训练有素的心理健康专业人员提供的非常积极的心理治疗效果。在开始治疗时感觉很差或者相当差的人当中，有90%的人在调查的时候报告说感觉很好、好，或者至少一般。还有，坚持治疗的人感觉更好。接受心理学家、心理医生和社工治疗的人比那些接受其他专业人士治疗的人感觉好得多，并且其差异随着时间的推移越来越大。没有哪个特定的治疗比任何其他的治疗更起作用。

然而，值得一提的是，与大多数心理治疗研究相比，这是一种非常不同的研究。大多数的心理治疗研究是受到高度控制的效能研究，具有固定时间长度的治疗、手工操作的治疗和选择患者的特定标准。这种有效性研究不易受到控制，但是对真实世界更具有代表性。患者选择他们自己的治疗师，提出所有的问题，并坚持治疗。另外，治疗师也可以修改对患者的治疗方案，这一点说明了各个种类的治疗差异性不大。如果一种治疗不起作用，治疗师就会转换到另一种治疗方法。

情绪、面对引起焦虑的刺激，或者控制自我毁灭的冲动等方面有困难。而心理治疗会教给人们更好处理这些挑战的新技能。

▶ 心理治疗起作用吗?

最初,几乎没有什么科学数据支持心理治疗师对心理治疗有效性的主张。人们不得不依赖心理治疗师的证词,但是这不能使怀疑论者信服。心理治疗的实证研究起始于20世纪50年代,在几十年内发展成为大规模的运动。现在包含心理治疗研究的整个领域,有大量的数据支持心理治疗的积极影响。因此,我们现在可以自信地宣告:是的,心理治疗确实起作用。

▶ 心理治疗的主要流派是什么?

尽管新的心理治疗种类在不断出现,但心理治疗主要基于3种流派:心理分析或者心理动力方法、认知—行为方法和人文方法。其他的心理治疗流派包括家庭体系方法和群组心理治疗。

▶ 什么是精神分析?

精神分析最早是由西格蒙德·弗洛伊德提出的。尽管自1939年他逝世后已经有很大的发展,但一定的学科分支仍然存在。精神分析目的是通过把无意识的思维方式、情绪和欲望变成有意识状态来缓解情绪困扰。这是通过与心理分析学家一对一的关系中对人的心理过程的长期探索而完成的。

古典的精神分析每星期安排3—5次会面,在这期间,精神分析对象(患者)躺在睡椅上,心理分析学家坐在后面,患者看不到心理分析家。这种布置的目的是要创造一种轻松的、沉思的精神状态,在这种状态下心理分析家能够走进其心灵深处。精神分析对象被命令说出闪现在意识里的任何想法,这个过程叫作自由联想。心理分析学家也认为早期的童年经历对成人的关系有深刻的影响。通过自由联想过程,无意识的童年的感受和信念会出现,会用成熟的成年人的思维工具加以理解和重新加工。

▶ 什么是心理动力治疗?

尽管精神分析理论从整体上说已经在心理健康领域产生了巨大影响,但是与20世纪前50年的全盛时期相比,古典精神分析的实践不太常见。心理动力治疗已经适应了现代生活的经济和时间的限制。在典型的心理动力治疗中,每星期有一次或者两次45—50分钟的会面。治疗师和患者两个人面对面坐直,没有躺椅。然而,强调保持无意识的思维方式、情绪和欲望,还要相信童年时期获得的方式影响着成年的情绪经历和与他人相处的方法。

与精神分析一样,心理动力治疗往往持续的时间长度不定(经常是许多年),并且相对而言是无定向的。治疗师旨在指导自我探索,而不是提供答案或者以一种新的行为模式教育患者。换句话说,精神分析和心理动力治疗提供了社会支持,并提高了洞察力,但是两者都没有教授特定的技能。

▶ 什么是移情和反移情?

移情和反移情是精神分析和心理动力治疗的两个重要概念。精神分析早期发展阶段,弗洛伊德认识到精神分析对象(患者)会对他们的分析师有不适当的强烈情绪。他立即认识到这种移情是临床资料的一部分,认为患者可能会把自己的心理冲突"转移"到分析师身上。通过探索患者对分析师的情绪,可对患者的大脑内部运作了解很多。

当分析师对精神分析对象(患者)有不适当的强烈情绪时,就发生了反移情。在精神分析的早期阶段,对受到最佳压制和控制的分析师而言,反移情主要被看作是负面的、反应幼稚的回应。在现代的心理动力运作方法中,现今的反移情与治疗是结合在一起的。然而,当运用移情或者反移情的时候,分析师机智而认真地进行是十分重要的。直接讨论分析师和患者的关系会很尴尬并面临压力,分析师必须以有建设性的方式认真地介绍相关的主题。

▶ 精神分析的一个人模式和两个人模式有什么区别?

在最近几十年内,精神分析的新流派,像人际关系和关系流派,已经从一个人的心理转到了两个人的心理。这意味着现代的精神分析治疗师不再相信精神分析的黑屏模式。在这个模式中,患者在治疗期间的经历只是被看作患者心理过程的产物,治疗师只是患者把自己的情绪和想法投射上去的黑屏。治疗师对患者的经历没有作出任何贡献。

现代的精神分析思想家认为分析师和患者两者都为治疗关系作出了贡献。治疗师是一个活生生的、有感觉、有反应的人。无论治疗师的行为会受到怎样的控制,要想从治疗师的技能中消除人为因素都是不可能的。

除此之外,治疗师的情绪体验会是很有价值的信息来源,都是关于治疗期间的人际关系过程和患者的情绪体验。例如,如果在会面期间治疗师开始感觉生气和恼火,这也许反映了患者方面的被动攻击性行为。同样的,如果治疗师开始感觉伤心,这也许反映了患者方面的未确定的悲伤感觉。显然,治疗师的反移情需要认真地解释,所以患者应对治疗师的情绪状态负责任这一说法也是有道理的。因此,心理医生的精神分析和心理动力治疗需要多年的训练。

▶ 心理分析学家所说的防御机制是什么意思?

根据精神分析理论,我们使用防御机制保护我们自己不受使我们焦虑的情绪和思维的伤害。通过这些精神控制,我们使自己幸运地没有意识到不舒服的信息。安娜·弗洛伊德(Anna Freud)1936年的经典著作,《自我心理防御机制》(*The Ego and the Mechanisms of Defense*),列举了10种防御机制。安娜·弗洛伊德是西格蒙德·弗洛伊德6个孩子中最小的一个。

防御机制的种类

防御机制	解 释
移 位	在这里,个人向一个人或者被当作另一个人的情景表达情绪。例如,一个孩子会向保姆发脾气,她其实是对刚刚离家去上班的她的父亲/母亲生气。
内向投射	在内向投射中,人们认识到了引起焦虑的人或者行动,因此从被动角色转移到主动角色。例如,被别人欺负过的孩子会开始欺负其他孩子,以此树立自己的能力感。这与识别挑衅者的过程相类似。
隔 离	在隔离中,对事件的知性意识与情绪体验不相关。个人意识到了发生的每件事,但是与事件的情感意义完全脱节。
投 射	当人们把情绪投射到另一个人身上的时候,他们把自己的情绪归因于那个人。事实上,他们在说"我不恨你,你恨我"。
回 归	西格蒙德·弗洛伊德把回归看作是用于抵御威胁的心理内容的主要防御机制。在回归中,烦扰的情绪、思想和记忆都被完全地从意识中消除出去。

防御机制	解　　释
反应形式	在这里，个人表达的情绪与真正感觉到的正相反。例如，一个愤怒的人对另一个人过分殷勤。一个不知不觉叛逆的人变得过度宽容。
逆转或者反对自我	当人们不能容忍对另一个人的负面情绪的时候，他们会把这种情绪转向自己，例如，训斥和惩罚自己，而不是承认自己的怒气的真正来源是什么。
升　华	在这里，个人重新指导被禁止的冲动成为有社会价值的活动。例如，儿童时期的年少气盛会升华为将来成为一名外科医生的职业生涯。
消　除	当人们对某事极度矛盾时，他们会用一个行动表达一种情绪，然后消除他们的行动以表达相反的情绪。

▶ 什么是行为心理治疗?

行为心理治疗来源于行为主义的学术传统。行为主义提出了人们学习新行为的两个主要方法：经典性条件反射和操作性条件反射。这些原理是通过20世纪早期进行的科学研究建立起来的。然而，直到20世纪50年代，行为主义主要原理才使用到心理治疗技术中。

▶ 什么是经典性条件反射?

在经典性条件反射中，当一个中立的对象或者事件（条件刺激，CS）与一个情绪上有意义的对象或者事件（无条件刺激，UCS）相配对的时候，人们学会以新的方式对一个中立的对象或者事件（条件刺激）进行反应。例如，我们会对某一特定的歌曲（条件刺激）有强烈的情感，因为我们联想到我们生活中一个情感上重要的时刻（无条件刺激），像一次失恋或者一次难忘的度假。新学到的反应叫作条件反应（CR）。

▶ 经典性条件反射如何用于心理治疗?

经典性条件反射技术在治疗焦虑症中极其有效。在焦虑症的障碍中，人们已经学会了把各种刺激与恐惧联系起来。为了治疗焦虑症，有必要使恐惧

的对象（例如，狗）从恐惧的反应中脱离出来。用这种方法，条件刺激（狗）从条件反应（恐惧狗）中脱离开来。像洪水和系统脱敏疗法这样的技术使得人们或者逐渐地（系统不敏感）或者一下子（洪水）暴露于恐惧的对象前。当暴露于对象却没有造成伤害的时候，恐惧反应就会减少。条件刺激就会与条件反应脱钩：瞧，这个人不再害怕狗了。进一步讲，在先前恐惧的对象和放松、平静的情绪之间建立了一种新的联想。换句话说，在条件刺激和新的（积极的）条件反应之间进行了配对。当看见先前恐惧的对象的时候，可以进行放松训练，包括像深呼吸这样的方法，通过渐进性肌肉放松来帮助个人感觉放松下来。

▶ 什么是系统脱敏疗法？

帮助人们忘记恐惧条件的最常用的技术之一叫作系统脱敏疗法。首先要求人们创造出使他们感觉焦虑的有层次的情境。例如，害怕狗的人最先列出的是想到狗，接着是看到一张狗的图片，然后是看见远处的一只狗，再然后紧挨着狗站着，最后抚摸狗。使用一个有0—100的刻度尺，就每种情境所引起的焦虑程度对每种情境评分。想象出狗会得到5分，看见狗的图片会得到10分，触摸狗会得到65分。

然后，教授受试者放松策略，目的是在引起焦虑的情境中学会保持平静。接下来，受试者面对所列出的有层次的情境，从引起最少焦虑的一项（想到狗）开始，渐渐地按照列出的项目，一项一项地直到引起最多焦虑的一项（抚摸狗）。在每一个阶段上，都要求受试者使用放松技巧，直到在没有不适当的焦虑的情况下，他们能忍受各个层次上的每一步骤。这是极其有效的技巧，它被用于帮助人们克服所有形式的焦虑问题，包括害怕坐飞机、害怕在公共场合讲话、恐高和恐惧考试等。

▶ 操作性条件反射是如何运作的？

根据操作性条件反射的原理，某一行为能否重复出现要依赖于该行为的后果。受奖励的行为更可能被重复，受惩罚的行为不太被重复。所以，你可以通过改变行为的后果来改变行为。

⏵ 操作性条件反射原理如何被应用到心理治疗中?

20世纪50年代,B. F. 斯金纳(Burrhus Frediricc Skinner)最早提出了行为改变这一概念。行为改变依赖操作性条件反射的原理。它精心运用了计划好的奖励(正强化)来鼓励期望的行为。同样,消除主要奖励减少了对不良行为的激励,或者说,使用惩罚来降低不良行为的频率。然而,惩罚比正强化使用的频率少,因为它易于引出消极反应。总之,行为改变通过操作激发人们执行行为的奖励和惩罚来改变行为。

这样的技巧被应用于儿童培养和动物训练上,也用于对情绪不安的儿童和智障的人的治疗上。操作性条件反射技巧也广泛用于要求某种程度上的社会控制的情境,例如,在监狱、学校,甚至在工作场所里。它们不常被用于个人治疗,因为这样的技巧对于那些缺少改变他们行为的内在动机的人很有用。对于大多数人而言,能独自寻找出心理治疗的人不常用,因为他们已经有改变行为的动机了。

⏵ 什么是认知心理治疗?

20世纪60年代,行为主义占据着美国学术心理学领域。在那个年代,认知革命使人的思想重新认识到了尊重科学。先前,行为学家完全消除了不值得引起科学关注的主观经验。利用这一运动,像阿朗·贝克(Aaron Beck)、阿尔伯特·艾利斯(Albert Ellis)和马丁·塞利格曼(Martin Seligman)这些心理学家提出了一种新形式的心理治疗法,叫作认知心理疗法。

认知疗法的3个分支都起源于这一假设:心理困扰与不适应的思维有关。消极的思维激励消极的情绪,转过来激励自我挫败的行为。这些方式的消极后果强化了令人困惑的思维,创建了一个恶性循环。与心理分析治疗不同,认知心理治疗是以一种开放式的、非直接的方式探索心理困扰,而认知治疗师主动地辨别不健康的思维过程,训练患者把他们的思维重新构建成较健康的反应。

⏵ 什么是认知扭曲?

在认知疗法中,治疗师指出患者是如何通过认知扭曲的过滤来体验世界

行为治疗的基石之一是辨别各种行为的后果。如果你想要改变一个人的行为，你必须考虑是什么强化了该行为。有激发此人执行该行为的积极后果吗？答案经常是不那么明显。

行为治疗的基本技巧之一是功能行为分析。在这个过程中，认真观察行为，并对前因（以前发生的事情）、行为（人们确切做过的事情）和后果（之后发生的事情）做记录，这些又称为基础知识。

用这种方法研究了目标行为后，有可能要辨别出是什么强化了该行为。例如，蹒跚学步的儿童每天晚上都呕吐，父母不知道为什么会这样。功能行为分析表明当晚上父母让学步的孩子躺下睡觉的时候，孩子就会呕吐。首先孩子大声哭叫让父母回到房间，父母坚持了一会，但是当妈妈让步的时候，孩子就呕吐了。在那个时刻，妈妈陪孩子有45分钟时间，清除他身上的脏污，抚慰他。这一功能分析清楚表明呕吐对于孩子起到了强化作用，因为呕吐，妈妈的注意力才回到了他的身上。治疗这种问题就是要改变孩子哭叫的偶然性。听到孩子的哭叫，不用进屋抚慰孩子，父亲或者母亲应该在固定的时间间隔进入房间，这样孩子的哭叫就失去了控制父母的行为的权利。父亲或者母亲频繁地进入房间，这样孩子被独自留在房间里的时间间隔就短。父亲或者母亲进入房间的时间间隔要越来越长，这样孩子就慢慢习惯了父母不在身边也能入睡。这个过程就是著名的训练婴儿晚上睡眠秘诀的基础。

的。这些习惯性的思维方式加重了抑郁心态。信息被扭曲是为了维持消极的和悲观的世界观。心理医生大卫·巴斯（David Buss）在他的书《好心情：新的情绪治疗师》（*Feeling Good: The New Mood Therapy*）中列出了下面的认知扭曲。

要么一切要么全无的思维：生活被看作是黑白分明的。如果你没有完全成功，那么你就彻底失败了。

泛化：你从一个单一的消极事件概括成更大的模式。一次不好的经历意味着一生的失望。

头脑过滤：你呻吟于一个消极的细节，并使这个细节遮盖住了较大的视图。在举行了一次盛大的宴会后，你专注于一个似乎心情不好的客人。

贬损积极的事物：你有理由对积极的信息打折扣。你通过了考试因为试题容易。隔壁可爱的女孩对你好是因为她同情你。这种认知扭曲使得你不顾互相矛盾的证据，对世界持有消极的观点。

武断地乱下结论：在没有任何证据的情况下，你武断地下消极结论。

读出心思：你认为你知道别人对你的感觉和看法是什么，并认为他们的想法一定是负面的。

预测未来：你预测到事情将以惨痛而告终，然后对待你的预测就好像它们真的已经是事实了。

灾难与缩小：在灾难性的思维中，你夸大了事件的消极影响或意义，把它放大为巨大的比例。当缩小的时候，你降低了事情的重要性，一般是积极的事情。

情绪推理：你区分不了你的情绪和外面现实世界的差异，只是因为你感觉某事，你就认为它一定是真的。

"应该"的陈述：你感觉你只能以不断的内疚感或者义务感来激励自己。你"应该"、"必须"做所有种类的事情。你不能相信你自己采取适当行动，除非你被迫这么做。

贴标签：一个消极的事件或者行为被概括为这个人的整个性格。例如，你的丈夫是一个自私的糊涂人，你是一个可怜的身体不好的人，你的邻居完全是一个势利之人。

归算到自己头上：你认为事情是因你而造成的，而实际上事情跟你没有任何关系。你的老板在他的办公室里大喊大叫，因为他在对你发疯。你最好的朋友心情沮丧，因为在她与男朋友分手的时候你没有足够的敏感。

⑨ 什么是人本主义治疗?

人本主义治疗是在20世纪中期兴起的,在某种程度上是针对占统治地位的美国心理学两个分支领域做出的反应。行为主义控制着学术心理学,精神分析主宰着临床心理学。人本主义治疗——由卡尔·罗杰斯(Carl Rogers)、弗瑞茨·皮尔斯(Fritz Perls)、维克多·弗兰克尔(Victor Frankl)和罗洛·梅(Rollo May)等这些心理治疗师所倡导——被认为是心理学中的第三种力量,并对早期两种运动提供了选择的余地。行为主义关注改变行为,精神分析关注心理冲突的缓解,人本主义心理学强调发展的潜能。像自我实现、无条件积极关注和寻求意义的概念突出了找到成就、快乐和生命意义的基本的人类需求。

与人类的潜能实现相比,人本主义治疗的目的是减少精神病理学。跟精神分析和心理动力治疗一样,重点不在过去,更多地在当前。此外,人本主义心理治疗的精神方面在其他两种运动中完全不存在。

然而,在人本主义心理治疗和心理动力治疗之间有相当多的交叠,并且许多倡导人本主义的心理学家最初在精神分析方面受过训练。两种治疗方法都是患者与心理治疗师进行一对一的讨论。两者都认为用言语探索与情绪相关的想法、感受和问题能帮助人们改进他们的生活。最后,两种治疗都关注人们如何处理情绪以及如何与他人建立关系。

⑨ 什么是空椅子技术?

空椅子技术是一种受人欢迎的技术,用于格式塔治疗,是弗瑞茨·皮尔斯所建立的心理治疗的一个分支。受试者被要求对一把空椅子说话,就好像是跟与他有人际关系困难的某个人说话。然后他们被要求告诉那个人他们感受到的一切。用这种方法,他们能搞清楚受试者真正的感受,把这些感受用语言表达出来,并辨别出是什么恐惧阻止受试者与交谈的人直接交流。有趣的是,空椅子技术与系统脱敏疗法的行为技术有相似之处。通过实践没有真人在场的有恐惧感的谈话,受试者被要求面对焦虑水平低的某件事。如果这个人能征服那种严重程度低的焦虑,想必他/她能从目前的状况提升到更有挑战性的情境,希望这个人能从对空椅子谈话进步到与真人谈话。

▶ 什么是家庭治疗？

20世纪后半叶是心理治疗有相当大创新的时代，心理治疗的许多新分支脱离了它们传统的精神分析方法。家庭治疗师对所有早期心理治疗的形式的基础部分——关注个人方面提出了挑战。在家庭系统理论中，人们认为家庭作为系统进行运作。家庭的一个成员脱离了家庭的其他成员都不可理解。这对已婚夫妇或者对跟父母同住并依赖父母的孩子来说尤其如此。

尽管有许多种类的家庭治疗，但包括萨尔瓦多·米纽庆（Salvador Minuchin）的结构性家庭治疗、杰·哈利（Jay Haley）的策略性家庭治疗以及卡尔·华特克（Carl Whitaker）和弗吉尼亚·萨提亚（Virginia Satir）的经验家庭治疗等所有的家庭治疗师都相信整个家庭（或者家庭主要成员）都进入房间参与进来是十分重要的。与个体单独治疗所取得的成就相比，通过与整个家庭合作，治疗师会取得非常不同的效果。

家庭治疗师在家庭成员之间实行互相交流的模式。妈妈和最大的孩子结盟对抗爸爸吗？孩子在学校付诸行动以迫使疏远的父母彼此交流吗？父母没有给孩子设置适当的界限，给予孩子太多的权利了吗？家庭治疗是通过帮助家庭成员了解他们存在的问题，然后共同努力去改变而起作用的。与心理动力治疗不同，家庭治疗在不太关注过去的情况下谈论目前的交流方式。

▶ 哪种治疗针对哪种问题效果最好？

尽管相当多的数据表明不同种类的治疗都同等有效，但是研究也表明某些种类的心理治疗对于特定的心理问题效果更好。行为治疗对于像恐惧这样的焦虑症、恐慌症和强迫症是很有效的。认知疗法对于轻度至中度抑郁症效果明显。冲动的和强迫的行为，像病态赌博、自残行为和不良愤怒应对，使用行为和认知成分，对技能构建治疗反应效果很好。

患有轻度至中度人格障碍的人对于长期的、以洞察力为中心的治疗，像心理动力治疗，有反应。患有严重人格障碍的人也会需要技能构建治疗。例如，辩证行为治疗是专门为治疗边缘性人格障碍而设计的。它是以行为原理为基础，利用功能行为分析，它还谈论了与这一障碍相关的不良情绪调整和存在问题的人际关系。

隐藏在家庭治疗背后的理论是个人不会孤立地运作，但是，取而代之的是，个人是复杂的家庭系统的一部分，所以治疗师为了治疗家庭中的一个成员，了解整个家庭是十分重要的。（图片来源：iStock 图像）

▶ 心理治疗训练有怎样的必要性？

许多研究表明，就像与受过训练的心理健康专业人士谈话后一样，与非专业人士谈话后患者同样感到满意。当然，对于那些不特别严重的短期问题，许多人不需要接受多年的专业训练，也能提供抚慰和支持。然而，为了帮助那些有更严重、更复杂或者更根深蒂固的问题的人，训练毫无疑义是重要的。1995年的《消费者报告》(*Consumer Reports*)研究表明：一般来说，接受心理健康专业人士治疗的人比接受非专业人士治疗的人要更幸福、得到的改善更多。此外，人们坚持治疗的时间越长，两者之间的差别就会越大。

▶ 什么因素对于治疗成功最重要？

有关心理治疗结果的报告非常多，换句话说，什么因素有助于心理治疗的成功或者失败，与治疗师和患者都有关。在治疗师的因素中，像真诚和移情（患者所感知的）这样的人格变量很重要，对治疗结果的积极期待也重要。如果治疗师认为治疗会起作用，这有助于产生积极的结果。在患者变量中，改变的动机、期望和对治疗结果的积极期待也会促进积极的结果。社会支持的一般水平和程度也对治疗结果起作用。在社会上人际关系良好并拥有更多人支持的人易于获得良好的治疗结果。许多研究也强调治疗联盟的中心地位。换句话说，当治疗师和患者共同感觉建立了积极的关系，同时拥有共同的治疗目标时，治疗就更可能成功。

▶ 在选择治疗师方面人们应该看重什么？

选择治疗师是一个重要的抉择，但是没有硬性和简明的规定来参考如何选择最能满足患者需求的治疗师。治疗联盟对治疗结果是如此重要的组成部分，所以选择一个令患者感觉舒服的治疗师很有意义。在某种程度上这是个人的抉择。治疗师也许对某人完美契合，但是对他/她的朋友并不合适。当寻求治疗帮助解决特定问题的时候，找到具有那一领域专门知识的人也很重要。正如上面所指出的那样，一些问题用特定种类的治疗效果会更佳，例如，焦虑症对行为治疗反应良好。

然而，在许多情况下，不同种类的治疗也许同样有效，所以治疗师的理论取向（例如，他们是否是心理动力、人本主义，或者认知行为方面的）主要是与患者—治疗师相互适合方面有关。例如，人们会考虑他们想要的是否是一个指导性的（建构治疗）或者探索性的（促进开放式的讨论）治疗师；是否是一个布置或者不布置家庭作业的治疗师；是否是一个健谈的或者更热衷于聆听的治疗师；是否是一个深入童年关系的或者着眼于解决当今问题的治疗师；是否是一个提供短期的或者长期的心理治疗的（几周、几个月还是几年）治疗师。

治疗师的个性风格也会影响所提供的治疗的种类。一些治疗师性情温柔、具有支持作用，而另一些更倾向于表现"强硬的爱"。一些人也许喜欢第一种类型的治疗师，另一些人也许觉得这样的治疗师太温柔，而更喜欢接受挑战。

▶ 治疗应该持续多长时间？

不同学派的治疗关于治疗时间的长短有不同的原则。认知行为治疗倾向于

短期治疗，而人本主义和心理动力治疗则倾向于长期治疗。精神分析经常持续许多年。研究表明小问题和较近时间出现的问题不需要长期治疗，而更严重的、复杂的和持续时间长的问题会需要更多的时间治疗。治疗时间的长短也取决于患者的喜好。

一些患者满足于依据症状来决断，症状一有改进就停止治疗。另一些患者热衷于较大的自我探索和人格发展，坚持更长时间治疗。在1995年《消费者报告》研究中表明：坚持更长时间治疗的患者更易于满足他们的治疗。当然，这可以反映出选择偏见，因为满足于治疗的人会选择更长时间的治疗。

精神药理学

▶ 药物如何影响精神病患者的治疗？

现代精神药理学（精神科药物）的发展已经根本改变了精神病患者的生活。曾经注定要过一种痛苦的、完全功能障碍的，并经常在肮脏的环境中生活的许多精神病患者，现在可以在社会上过令人满意的生活了。尽管现代心理药理学已经带给我们巨大好处，但不是没有并发症发生。

所有的药物都有副作用，其中的一些相当危险。其次，药物只有作为处方药服用才会有效；不坚持用药可能是治疗失败的最大的原因。最后，临床试验（研究某些药物的效能和安全）相当广泛。临床试验目前主要由私营工业，特别是制药工业所进行，它们获取利润的动机使得临床试验远非公正。因此，一些专业人士和患者关心的是服用药物的安全，特别是长期服用药物的安全。

▶ 精神科药物的主要类别是什么？

尽管相当多的药物不符合于任何一个种类，但是精神科药物的主要种类有抗精神病药物、抗抑郁药物、抗焦虑药物和情绪稳定药物。每一种类的药物都涉及特定的神经递质。

▶ 什么是抗精神病药物以及它们如何起作用？

抗精神病药物治疗精神病症状。这些药物一般被分成典型的和非典型的两个种类。典型的抗精神病药物发明于20世纪50年代早期，当时在法国巴黎实验室里氯丙嗪被研制出来。这些药物——包括氟哌啶醇、甲硫哒嗪和氟非那嗪这样的药物——作用于多巴胺神经递质系统，特别是作用于D_2神经递质感受器。

典型的抗精神病药物是效果明显的药物，但是有一系列的副作用。抗胆碱作用，包括口干、视力模糊和头脑不清，在低效的典型的抗精神病药物如氯丙嗪和甲硫哒嗪中可发现。锥体外副作用，包括肌肉震颤和僵硬，在高效的典型的抗精神病药物，如氟哌啶醇和氟非那嗪中常见。

非典型的抗精神病药物包括利哌利酮、奥氮平、喹硫平、齐拉西酮和阿立哌唑。非典型的抗精神病药物是在20世纪90年代投入市场的，尽管最早的非典型的抗精神病药物——氯氮平被引入的时间比那还早，但是由于有粒细胞缺乏症——一种潜在致命的白血细胞障碍——这种危险而失宠。非典型的抗精神病药物作用于一系列的神经递质，包括血清素、多巴胺和去甲肾上腺素。尽管非典型的抗精神病药物不可能引起各种与典型的抗精神病药物相关的副作用，但是它们也有自己的副作用。最重要的是，非典型的抗精神病药物可导致代谢综合征的危险性增加，表现特征为抵抗胰岛素、高血压、体重增加和高血糖。代谢综合征还有引起糖尿病和心脏病的危险。随着非典型的抗精神病药物的问世，氯氮平重新引起了人们的关注。现在氯氮平也许被认为是最有效的抗精神病药物。然而，由于它的副作用，所以只有在其他药物不起作用的情况下才使用它。

▶ 常见的精神科药物处方药是什么？

所有的药物都有个通用的名称，是基于它们的化学结构而起的独特的名字，实质上是品牌名称。当药物的专利权到期的时候，其他生产商也会生产这种药物，但还是以其通用的名称生产。下面的表格列出了常用的药物和它们的用途。

常见的精神科药物处方药

品牌名称	通用的名称	药物的分类	主要的神经递质
百忧解（Prozac）	百忧解	抗抑郁药物	血清素
西酞普兰（Celexa）	西酞普兰	抗抑郁药物	血清素
舍曲林（Zoloft）	舍曲林	抗抑郁药物	血清素
氯硝西泮（Klonopin）	氯硝西泮	抗焦虑药物	胺基丁酸
劳拉西泮（Ativan）	劳拉西泮	抗焦虑药物	胺基丁酸
安定（Valium）	安定	抗焦虑药物	胺基丁酸
氟哌啶醇（Haldol）	氟哌啶醇	抗精神病药物	多巴胺
利哌利酮（Risperdal）	利哌利酮	抗精神病药物	混合型的
奥氮平（Zyprexa）	奥氮平	抗精神病药物	混合型的
碳酸锂（Eskalith/Lithobid）	碳酸锂	情绪稳定剂	？
丙戊酸（Depakine）	丙戊酸	情绪稳定剂	胺基丁酸？
加巴喷丁（Neurotin）	加巴喷丁	抗痉挛药物/情绪稳定剂	胺基丁酸？

虽然一些心理学家被授权可以开药，但是多数的精神科药物由心理医生或者主要保健医生开处方。（图片来源：iStock 图像）

▶ 什么是临床抗精神病药物试验效果的干预研究？

随着非典型的抗精神病药物的出现，人们普遍认为新一代的药物优越于老一代的药物。不仅非典型的抗精神病药物比典型的抗精神病药物副作用小，而且非典型的抗精神病药物被认为在治疗精神分裂症的阳性和阴性症状方面更有效（阳性症状是指活跃的精神病症状，阴性症状是指与精神分裂症相关的社交退缩、能量降低和情绪低落）。

临床抗精神病药物试验效果的干预研究是发表在2005年的一项具有里程碑意义的研究，它对于非典型的抗精神病药物优越于典型的抗精神病药物的假设提出了挑战。这项研究没有显示3种非典型的抗精神病药物（喹硫平、利哌利酮和齐拉西酮）和奋乃静（一种温和效力的典型的抗精神病药物）之间在功效上有差异。尽管奥氮平证明比奋乃静效力好，但是它的代谢副作用比率最高。注意，这项研究是由一个政府机构——美国国家心理卫生研究所资助的。这项研究没有得到制药公司的资助。

▶ 什么是抗抑郁药物以及它们是如何起作用的？

抗抑郁药物治疗抑郁症。目前，最受欢迎的抗抑郁药物是血清素再吸收抑制剂，它作用于血清素神经递质系统。常用的处方药的血清素再吸收抑制剂包括百忧解、舍曲林、西酞普兰和氟苯哌苯醚。血清素再吸收抑制剂很有效，也比其他种类的抗抑郁药物安全，但是它们确实有副作用，尤其是性方面的副作用。血清素再吸收抑制剂在治疗焦虑症和强迫症方面也有作用。

在20世纪80年代血清素再吸收抑制剂出现之前，杂环类药物是最通用的抗抑郁的处方药。常用的杂环类药物包括丙咪嗪、阿密曲替林和去甲替林。杂环的名称取自这种药物分子的环形结构，它们作用于血清素和去甲肾上腺素这两个神经递质系统，重点作用于去甲肾上腺素神经递质系统。它们也影响组胺神经递质系统和乙酰胆碱神经递质系统。杂环比血清素再吸收抑制剂有更危险的副作用，过量服用它们会更致命，对心脏有显著的副作用。

另一种类的抗抑郁药物是单胺氧化酶抑制剂。单胺氧化酶抑制剂是在20世纪50年代发现的，但它们的潜在的致命效果在20世纪60年代早期被曝光。

单胺氧化酶抑制剂会引起高血压危险,甚至会引发中风。

　　把单胺氧化酶抑制剂与另一种药物,像鸦片类药物或者血清素再吸收抑制剂混合在一起,或者吃富含酪胺的食物的话,都会引起危险。尽管单胺氧化酶抑制剂是抗抑郁药物中最危险的,但是它们也是极其有效的。对于那些食用低酪胺饮食的难治性抑郁症患者来说,单胺氧化酶抑制剂也许是合理的选择。单胺氧化酶抑制剂包括苯乙肼或者反苯环丙胺。

▶ 什么是抗焦虑药物以及它们是如何起作用的?

　　至少有两种抗焦虑药物,巴比妥类药物和苯二氮药物。这两种药物作用于胺基丁酸神经递质系统。巴比妥类药物,像西可巴比妥和戊巴比妥,是较早发现的药物。现在,由于它们存在令人质疑的副作用,几乎不能像传统的抗焦虑药物那样作为处方药使用。巴比妥类药物成瘾的风险高,过多服用有危险,高剂量也会对心脏造成影响,会抑制呼吸。当然,手术之前给患者用药以镇定的时候,如果控制使用巴比妥类药物,效果还是挺好的。

　　苯二氮药物在治疗焦虑方面已经基本取代了巴比妥类药物。像阿普唑仑、劳拉西泮、氯硝西泮和安定药物过多服用死亡的危险性低,并且不像巴比妥类药物那样易于成瘾。尽管如此,苯二氮药物仍然可以成瘾,突然中断药物会使人陷入断瘾症状。药物的半衰期(药物被清除身体之外所需要的时间)影响成瘾的潜在性。半衰期短的苯二氮药物,像阿普唑仑,比半衰期长的苯二氮药物,像氯硝西泮,断瘾和成瘾的风险高。

▶ 什么是情绪稳定剂?

　　情绪稳定剂有助于躁郁症患者避免狂躁症达到高峰状态和抑郁症降到低谷状态。它们实际上起到稳定情绪的作用。最常见的情绪稳定剂是碳酸锂、丙戊酸和卡马西平。情绪稳定剂如何运作仍然有点神秘。与其他种类的精神科药物不同,情绪稳定剂不是明显地与特定的神经递质相连。一些情绪稳定剂改变细胞膜内的钠离子通道,并且一些似乎作用于胺基丁酸神经递质系统。大多数的情绪稳定剂也起到了抗癫痫药物的作用,包括卡马西平和丙戊酸。另外的用于稳定情绪的抗癫痫药物包括加巴喷丁、拉莫三嗪和托吡酯。情绪稳定剂也治疗不安和冲动。

▶ 药物将永远替代心理治疗吗？

在20世纪80年代后期，血清素再吸收抑制剂的使用急速增长时，就有药物替代心理治疗的空谈。现在，没有什么人认为药物将永远替代心理治疗。药物治疗症状，有助于治疗最严重的精神病，然而，它们不能替代对心理治疗的有效性起关键作用的人的因素。还有，药物和心理治疗各自针对不同的情况进行治疗。药物对精神病、躁狂症、严重抑郁症、焦虑和不安极其有效；心理治疗对有问题的人格特质、扭曲的自我形象和不良的人际交往能力有效。特定的心理治疗在治疗焦虑症和轻度至中度抑郁症也有效。虽然药物通常对抑郁症和焦虑症起作用较快，但是心理治疗往往有更长期的效果，当然其副作用也较少。

▶ 如何开发新的药物？

开发新的药物并把药物投放到市场的过程漫长、复杂并且昂贵。基本的生化研究能够预示出药物开发的方向，研究通常在大学、政府或者工业实验室里进行。大多数的实际药物开发在工业实验室里进行，由非常大的和有财力的制药业资助。一旦药物开发出来，必须测试药物的功效、安全性和耐受性。功效反映了药物治疗目标症状的程度有多好；安全性与没有危险的副作用有关，否则的话，就被称为不良事件；耐受性反映了患者忍耐药物的能力。药物会是安全的——就是说不是危险的——但是仍然是无法忍受。例如，药物会引起恶心或者头痛。

▶ 美国食品和药物管理局的检测有几个阶段？

美国食品和药物管理局（FDA）要求在药物被其批准治疗某一特定的病情前必须进行几个阶段的检测。在第一个阶段研究中，必须证明药物在小样本的健康的志愿者（20—80个受试者）中使用是可忍受的和安全的。在第二个阶段研究中，必须有功效证据来证明药物在较大样本的患者（100—300个受试者）中使用是可忍受的和安全的。在第三阶段中，必须显示在更大样本的

 ▶ 哪些精神科药物更可能被滥用?

虽然精神科药物已经在临床试验中显示了其安全性和耐受性,并且许多药物多年来已经被数以千计的人使用,但却有一些处方药却被人们滥用。哪种药物更可能被滥用? 鸦片类药物和苯二氮药物是最可能被滥用的药物种类,而抗抑郁药物、抗精神病药物和情绪稳定剂不经常被滥用。来自美国政府机构,美国药物滥用和精神健康服务管理局(SAMHSA)的数据列出了镇静药、止痛药、兴奋剂和镇静剂是最常见的滥用处方药的候选药物。药效快的药物、能引起快感的药物和半衰期短的药物更容易被滥用。

患者(1 000—3 000个受试者)中药物使用的功效、耐受性和安全性都是符合要求的。

▶ 我们如何知道药物起作用?

检测新药功效的标准方法是通过使用随机对照试验。在随机对照试验中,大样本的患者被随机分配,或者接受试验治疗或者接受对照治疗。对照药物或许是另一种活性药物或许是一种安慰剂(看起来像活性药物的假治疗)。研究也必须是双盲的,就是说,医生和患者都不应该能够分辨出患者服用的是药物还是安慰剂。在规定的时间结束的时候,跨组比较症状改善情况。药物的功效反映了患者服用了活性药物而不是安慰剂后症状得以改善。

▶ 为什么药物要与安慰剂进行对照?

安慰剂控制是有必要的,因为许多患者只是通过建议就有所改善。安慰剂效应是指依赖安慰剂在患者身上的改善。只是看医生并收到药物,即使药物中没有活性成分也会产生巨大的欣慰。安慰剂效应是可见的，在一些治疗研究中可达到30%—40%的改善效果。所以，为了证明患者的改善是由于药物中的活性成分，而不仅仅是安慰剂效应，有必要在治疗研究中包括与安慰剂对照。

▶ 我们如何知道哪种药物效果最好？

美国食品和药物管理局利用法规保证投放到市场上的每种药物，与安慰剂或者对照药物相比，都已经显示出了安全性和功效。美国食品和药物管理局的规则并不要求多种药物间进行比较来确定哪种药物效果最好。制药公司把自己的药物的最好一面展示出来就会获得资金资助，因此，他们不会在追求高质量上花费数百万美元，高质量这种客观的研究可能会潜在地严重反映出他们自己的产品质量。所以，并非巧合，临床抗精神病药物试验效果的干预（CATIE）研究是由美国国家心理卫生研究所资助的，而不是私营工业资助的，这项研究戳穿了这种错觉——新的就一定是更好的。需要明显独立的资金来源来支持药物高质量研究和公正的药物与药物之间的对照。

▶ 制药业对精神病学实践有何影响？

制药业已经对精神病学实践产生了深远的影响。自从20世纪80年代以来，美国政府已经着手对制药工业放宽管制。随着这种哲学和政治的转变，制药业获得了更多的自由，包括对消费者直接交易，与学术中心进行联合研究等。

随着精神科药物取得的巨大进步，制药业已经获得了非常大的经济效益，把精神病学研究、出版和培训融为一体。虽然近几年针对此事有一些反映，但是制药业仍然对有关哪种药物对哪种病症最有用的普遍的看法起着巨大的影响作用。

令人遗憾的是，像临床抗精神病药物试验效果的干预这样的研究，这种对不同药物的相对功效提供公正信息的独立调查几乎没有。这并不表明由制药业所赞助的临床研究是无效的，只表明它远非公正，并且几乎没有公司可能发布对它们的底线造成不利影响的研究。

在2006年由罗伯特·凯利和同事所做的研究（参见下图）中，作者参阅了

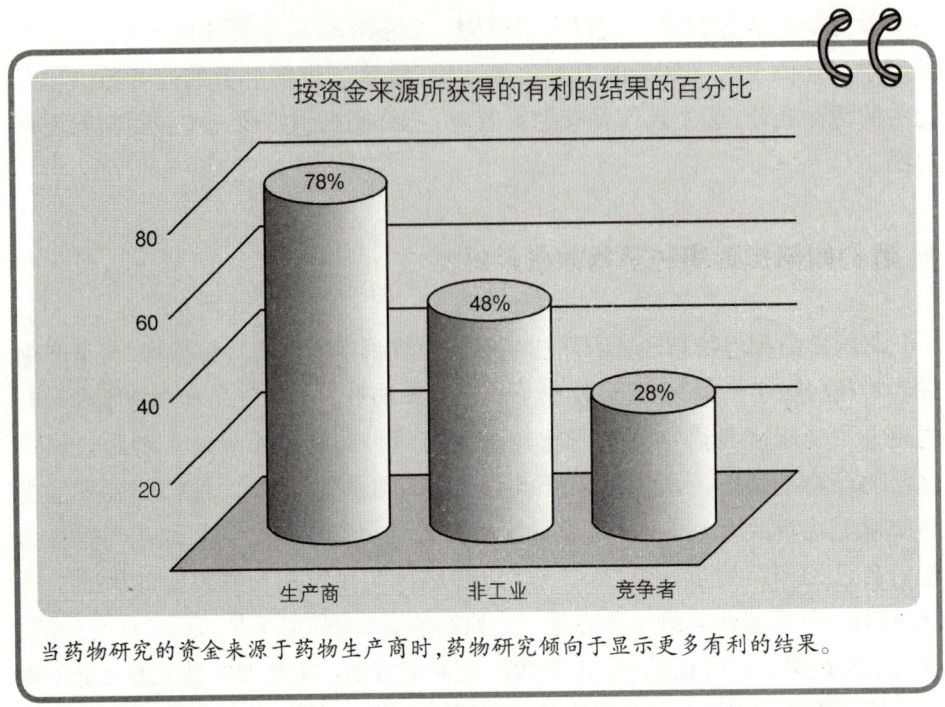

按资金来源所获得的有利的结果的百分比

当药物研究的资金来源于药物生产商时,药物研究倾向于显示更多有利的结果。

301篇文章涉及542种药物数据(许多研究参阅了同种药物)。不论研究的结果对于每种药物有利与否,都连同资助的来源一起记录下来。正如上面所显示的那样,对于由药品生产商资助的研究药物来说,78%的研究表明了有好的结果。对于由药品生产商的竞争者资助研究的药物来说,只有28%的研究表明了有利的结果。最后,对于没有得到制药公司的资助研究的药物来说,48%的研究结果是有利的。

换句话说,当制药公司没有获得资助研究的时候,积极结果的可能性大约占50%。然而,在其他情况下,似乎是做了手脚。怎么会发生这样的事情呢?这意味着由制药公司资助的研究是无效的吗?大多数的作者认为问题不是由于科技的不发达而是由于选择性的信息发布。制药公司更可能发布支持它们产品的研究,不大可能发布不支持它们产品的研究。

▶ 什么是电休克疗法?

电休克疗法也称作电击疗法。电极被放置在头骨的几个点上,小脉冲的电流通过电极传入大脑。这引起了一般20—30秒钟时间的发作。尽管电休克疗法的名声可怕，但是它对严重的抑郁症治疗很有效。它对忧郁型抑郁症或者有多种植物神经症状的抑郁症治疗特别有效。这里的抑郁症的身体症状，指的是缺少能量、睡眠和食欲紊乱、注意力不集中和身体动作缓慢。电休克疗法的副作用还是可以忍受的，尤其是不经常做的话。最常见的副作用是治疗期间丧失记忆力。所以电休克疗法经常用于上了年纪的人。

▶ 为什么电休克疗法的名声那么坏？

与用于精神病学中的许多生物治疗相比，电休克疗法相对古老，可追溯到20世纪30年代。在其漫长的历史过程中，电休克疗法的使用一直是相当谨慎的，现在比过去使用得更仔细。在过去，电休克疗法常用于更宽泛的诸多障碍，有时它只用于行为控制方面，现在它主要用于治疗抑郁症，尽管它也能治疗躁狂症和其他类型精神病。

过去使用的电量比现在高。标准是使用双向电休克疗法，而现在经常使用的是单向电休克疗法。在双向电休克疗法中，电极被放置在头的两侧。尽管单向电休克疗法不像双向电休克疗法那样有力，但是单向电休克疗法副作用较少。

最后，以前在进行电休克疗法之前，通常会使用肌肉松弛剂，所以患者在发作期间会受伤甚至折断骨头。目前，在进行电休克疗法之前，会给予患者肌肉松弛剂，并对患者实施麻醉。当他们醒过来的时候，没有这一过程的记忆力。此外，电子监控设备有助于保证在整个过程中患者呼吸和心跳保持正常。

通俗心理学

▶ 什么是通俗心理学？

通俗心理学的目标人群是普通大众，并通过媒体进行交流。它谈论与心理学相关的主题——像恋爱关系、压力管理、哺育子女和性欲——并且能够在杂志

文章、电台或电视脱口秀（谈话节目）、流行书籍和各种网址中找到。通俗心理学的益处是它可以普及到广泛的观众中，同时也是将心理学知识传输给普通大众的有效工具。其缺点是几乎没有或者完全没有质量控制。信息也许不会得到发达的心理科学或者临床经验的支持。

▷ 通俗心理学的历史是什么？

尽管"通俗心理学"这个词相对来说是新的，但是其概念一定不是新的。只要有人类的存在，就会有对人类行为的兴趣的存在。与此相伴随的是，人们普遍的愿望是想从那些似乎比普通人了解更多有关人生挑战的人身上获得建议。许多世纪以来，宗教人物填补了这一功能，尽管预言家、算命先生和其他隐匿人物也都发挥作用。如今，专栏作家已经使用媒体为失恋者、抑郁者，或者受困扰的人提供建议。自从专业的心理健康领域的兴起，持有学术或者医疗证书的人已经受到人们的欢迎。令人遗憾的是，在通俗心理学行业中，不是所有持有学术或者医疗证书的人都接受过与他们所讨论的主题相关的训练。

▷ 通俗心理学家与执业专业心理学家有何区别？

在通俗心理学领域获得成功不需要有证书。执业心理学家在合法地自称为心理学家之前需要经过许多年完整的严格训练，而脱口秀主持人在给公众提建议之前只需要掌握（固然非常困难）通俗娱乐的艺术。一些心理学家或者心理健康专业人士确实步入了通俗心理学领域，什么也阻止不了拥有法国文学博士学位的人使用"博士"这个称谓并出现在白天的通俗心理学电视节目上。因而，大多数通俗心理学与以科学为依据的心理知识相比，更多地起到了娱乐的作用。

▷ 乔伊斯·布拉德博士是谁？

乔伊斯·布拉德博士（Dr. Joyce Brothers）是最早的通俗心理学家之一，是一位通过各种大众媒体把他的专业知识传播给大众的真正的心理学家。他在

1958年开始电视脱口秀职业生涯,节目名称为"乔伊斯·布拉德博士兄弟"(*Dr. Joyce Brothers*)。在后来的45年时间里,其他电视和电台节目紧随其后。他写了至少13本书,诸如,题目为《关于爱情和婚姻每个女人应该了解什么》和《布拉德博士:你的情绪指南》这样的书。布拉德博士曾接受过心理学家培训,拥有美国哥伦比亚大学心理学博士学位,自1958年以来一直在美国纽约州做执业心理学家。

▶ 安·兰德斯和艾比盖尔·冯·布伦(亲爱的艾比)是谁?

安·兰德斯(Ann Landers)和艾比盖尔·冯·布伦(Abigail van Buren)是一对双胞胎姐妹的笔名,从20世纪50—90年代她们一直是非常成功的专栏作家。1918年出生于美国艾奥瓦州(Iowa)的姐妹俩都没有接受过任何正式的心理学或者相关领域的培训。安·兰德斯的真名是埃瑟(绰号"埃皮")·弗里德曼·莱德勒(Esther "Eppie" Friedman Lederer)。在1955年她承担了《芝加哥太阳时报》的安·兰德斯建议栏目,她持续这项工作直到1987年,同年她调到了《芝加哥论坛报》。她嫁给了一个名字叫朱尔斯·莱德勒(Jules Lederer)的富商,租车公司的创始人,这使她积聚了广泛的社交关系,从中给她的栏目很多灵感。她以语言朴实以及常识性的建议吸引了无数人,她的专栏最终在1 000多家报纸上同时发表。1956年,她的双胞胎妹妹波林(绰号"波波")·弗里德曼·菲利普斯(Paulin "Popo" Friedman Philips)以笔名艾比盖尔·冯·布伦在《旧金山纪事》中开办了一个竞争栏目——"亲爱的艾比"(*Dear Abby*)。虽然姐妹俩在心理健康领域没有接受过任何训练,但是在她们的知识和能力的范围内她们用心阐明观点,如果读者的问题超越了建议栏目的范围,她们经常建议读者寻求专业人士的帮助。

▶ 菲尔博士是谁?

菲利普·麦格劳(Phillip McGraw)是众所周知的电视人,有名的菲尔博士(Dr. Phil)。他于1979年获得了美国北德州大学临床心理学博士学位。菲尔博士在得克萨斯州执业,行医不久就放弃了心理治疗行业,从事了通俗心理学和法医心理学行业。在20世纪90年代,他通过他的法医心理学——涉及法制的

一个心理学分支的工作,认识了著名的脱口秀主持人奥普拉·温弗瑞(Oprah Winfrey)。奥普拉曾雇佣菲尔博士帮助她打理一个牧场主控告她的诉讼案,牧场主声称她在她的一个电视节目中诋毁了肉牛产业。不久,菲尔博士就经常出现在奥普拉的电视节目中。2002年他开始了他自己的脱口秀,取名为"菲尔博士"(Dr. Phil)。尽管菲尔博士仍然居住在得克萨斯州,但他却放弃了他的心理治疗执照。当他搬到加州追求他的电视生涯的时候,他没有在加州获得心理治疗执照,因为加州执照管理部门认定他的节目与其说是心理学,不如说是娱乐。所以,他现在从事的电视行业并不要求他有心理治疗执照。

▶ 劳拉博士是谁?

劳拉博士(Dr. Laura)是另一个受欢迎的媒体人物。她主要在广播电台工作,但是也出版了许多书籍。劳拉·史莱辛尔(Laura Schlessinger)在美国哥伦比亚大学获得了心理学博士学位,在美国南加州大学还获得了有关婚姻、孩子和家庭咨询方面的博士后证书。她声称从事私人行医有12年了。劳拉博士以她的社会保守观点而著称,她把对道德、宗教和心理健康的思考结合到对观众的回应中。这背离了专业心理学家的官方行医规范,专业心理学家在处理患者问题时必须区分出个人的和专业的观点。

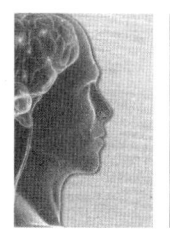

五

创伤心理学

创伤的心理影响

▶ 什么是心理创伤？

心理创伤是指任何可导致极端的心理伤害或身体伤害的事件给自我带来的影响，包括严重的人身伤害或者死亡。创伤事件激起恐怖感和无助感，创伤事件涉及对自我的直接威胁，但是人们在目睹了对别人的伤害或者威胁伤害后也会感觉受到创伤。创伤可以包括自然灾难，像地震、海啸或者飓风，但是创伤也来源于人类行为，像战争、攻击，或者强奸。

▶ 为什么我们要研究创伤？

自从19世纪后期第一个精神分析病历建立以来，严重的创伤对心理功能有长久的影响这一看法得到了人们的认可。一个庞大的研究机构向我们表明，创伤会造成严重的心理困扰，是造成非常广泛的精神和心理障碍的一个危险因素。

▶ 什么种类的心理问题与创伤有关？

有必要对成年时期的急性创伤像自然灾害或者攻击，和儿童时期的慢性创伤像不断的性虐待或者身体虐待，区分开来。创伤

一般与焦虑、抑郁、酗酒、发怒、自杀行为以及创伤后应激障碍的症状有关。尽管人格大部分在成年时期形成,但是在儿童时期是在发展的。因此,儿童时期的慢性创伤会对人格发展有极为普遍的和永久的影响。

受过严重虐待的儿童会发展有严重的人格障碍,他们也会发展出自残行为,弄伤或者烧伤自己。分离性症状也相当普遍。这些涉及感觉虚幻、脱离于精神和身体体验,并明显缺乏一定的感情意识、思维和行动。在极端病例中,有人会发展成分裂型人格障碍(以前被称作多重人格障碍),他们确实认为自身有几种不同的人格。

▶ 弗洛伊德的诱奸理论如何解释儿童时期的创伤?

西格蒙德·弗洛伊德关于诱奸理论的早期著作为创伤心理学的许多后期发展建立了平台。弗洛伊德最初对歇斯底里问题感兴趣,那是在维多利亚时代的欧洲相当普遍的障碍。人们会抱怨在实际的心理学中找不到依据的各种身体问题。我们现在会把这样的抱怨诊断为转化症。在采访了众多患者之后,弗洛伊德想出了诱奸理论,声称歇斯底里是由早期生活中的诱奸引起的。换句话说,歇斯底里来源于儿童时期性虐待的早期经历。

但在几年以后,弗洛伊德放弃了这一理论,认为歇斯底里是太常见了,不只是由性虐待引起的。这意味着有太多的孩子受到的性虐待,这超出了他认为可能的范围。他把焦点放在了幻想上,取代了把焦点放在实际的经历上。孩子事实上也许没有受到诱奸,但是代替的是,妈妈或者爸爸压制了诱奸的幻想。随着这种从实际的创伤事件转到了创伤幻想,儿童时期创伤的研究隐匿有半个多世纪,直到20世纪70—80年代才重新出现。

▶ 战争对创伤研究的发展起到了什么作用?

尽管弗洛伊德放弃了诱奸理论使得正在发展中的心理健康领域远离了创伤的心理影响研究,但是从第一次世界大战战场归来的士兵因心理创伤所表现出的情绪困扰使得心理健康研究人员又把注意力转回到了对创伤的治疗上。战争造成了巨大的创伤,年轻人远离家乡奔赴战场,面对着死亡的不断威胁和战友的暴力及血腥的死亡,他们也被迫做出暴力的和杀人的行为,有时候是针对平民。

许多第一次世界大战归来的士兵表现出情绪困扰,我们现在称为创伤后应激障碍,在当时它被称作"弹震症"。但是在当时几乎不能验证这些士兵遭受的是什么,这经常被看作是道德弱点的标记。在第二次世界大战中这个问题复发(有时称其为"战争疲劳"),但在创伤后精神病理学的研究、治疗和承认方面都有了一些进步。

然而,直到越南战争时期,心理健康领域才真正地行动起来,研究和发展对情绪的创伤后遗症的治疗。在1980年,越南战争结束5年后,创伤后应激障碍的诊断出现在《精神疾病诊断统计手册》第三版(DSM-III)中(《精神疾病诊断统计手册》是官方的心理健康领域诊断手册)。

▶ 什么是创伤后应激障碍?

创伤后应激障碍是经历严重创伤后的一种特定病情,有3种类型的症状:持续避免事件提醒(麻木症状)、持续重新经历事件(侵入症状)和植物神经过度反应。麻木症状会有情绪反应迟钝,表现出单调的自觉感情、避免各种活动、丧失创伤事件的记忆以及缺乏动机或者参与活动的兴趣。侵入症状正相反。不是缺乏创伤事件的记忆,而是大量的记忆挥之不去。会做噩梦或者往事突然重现,创伤就好像是又重新发生了一遍。也会有侵入性的情绪风暴,像哭、咒骂、发怒或者恐慌症发作。植物神经过度反应是植物神经系统超速运作,身体持续处于戒备状态,准备好一有任何危险迹象就立即行动。会有夸张的惊吓反应、注意力难以集中和睡眠障碍,还有心跳加快、出汗和持续的肌肉紧张。

▶ 事件中的哪些因素可增加患上创伤后应激障碍的危险?

不是每个人在创伤之后都会患上创伤后应激障碍。有不同种类的创伤,不同的人对同一事件的反应也不同。创伤中有许多因素影响患上创伤后应激障碍的危险。不论创伤是自然的还是人为的,不论人类活动引起的创伤是意外的(例如,车祸)还是故意的(例如,抢劫),所有的创伤都影响着人的反应。越是故意的,越是令人不安。所以创伤的严重性是很重要的。有多大危险?遭受多少身体痛苦?有多少暴力?有人死亡吗?所有这些问题都决定了创伤的影响。

创伤持续的时间也重要——它迅速还是持续了一段时间？创伤是否是一次性事件还是持续性的事件（例如，抢劫还是战争）。时间较长的、较慢性的、较严重的和恶意的创伤，比时间较短的、较和缓的、单一事件的和非故意的创伤会造成更大的心理伤害。

▶ 人为创伤造成的情绪影响与自然灾难造成的情绪影响有怎样的区别？

尽管像2004年的"卡特里娜"飓风或者海啸这样的自然灾害会对幸存者产生深远的情绪影响，但是他人所造成的创伤有独特的破坏性影响，特别是故意造成的伤害。我们是社会中的一员，我们有很多的心理是致力于

尽管从火灾或者地震等自然灾害中幸存下来会造成情绪创伤，但是由他人所造成的情绪创伤会更糟。（图片来源：iStock 图像）

人际关系的沟通。如果由于他人的缘故我们遭受重大的伤害，那我们就会对我们的整个世界观提出质疑。人仍然是好人吗？能信任他人吗？尽管对我们的身体环境丧失了安全感是极其可怕的事情，但是我们不能期待自然灾害对我们的道德产生影响。自然灾害本身并没有威胁我们对人性尊严的根本信仰。当人们丧失了对他人的信任的时候，他们会遭受深深的沮丧和社会的异化。

▶ 什么种类的个人因素增加了创伤后应激障碍的危险？

不是所有的人都由于同一个事件遭受同等的创伤。什么种类的个人因素影响了、增加了创伤后应激障碍的危险？研究表明先前有过创伤经历的人，那些先前有过精神问题或者人格障碍的人，那些具有较少社会支持的人和那些具有外控个性的人在回应创伤事件中更可能发生创伤后应激障碍。具有外控个性的人

认为外界的力量决定了他们生活中的事件,他们认为对自己的生活没有多大控制权。与此相对照,具有内控个性的人认为他们对自己的生活有显著的控制权。他们对解决问题更倾向于乐观和主动。最后,在事件发生时反映出分离特征的人显示出可能会发生创伤后应激障碍。

▶ 创伤的生物影响是什么?

创伤对我们的神经生物学有相当大的影响,伴随着创伤的同时有实际的生理变化发生。开始,创伤强烈激活了我们的应激反应。下丘脑-垂体-肾上腺轴调解我们大脑的应激反应。当面对应激状态的时候,下丘脑-垂体-肾上腺轴被激活,它发送出应激激素,称为糖皮质激素。这些激素用于激活自主神经系统,使我们的心脏跳动更快,我们的呼吸更快更浅,血液从我们的小肌肉群快速流向大肌肉群。这使得我们的身体对威胁做出快速反应。

在正常情况下,我们的副交感神经系统起到了恢复这一系统到静止状态的作用,使得我们的身体从应激反应中恢复过来。然而,有了创伤,整个应激系统就会被抛向低谷,在下丘脑-垂体-肾上腺轴内造成异常,使得我们的自主神经系统(特别是交感神经系统)超速运作。这会拖垮我们的身体,损害免疫系统,对身体许多部位的调节系统施加不必要的压力。在儿童时期,当大脑还没有完全发育的时候,严重的创伤会干扰大脑的实际发育,造成长期的伤害。

▶ 什么是分离?

分离涉及改变注意力和意识。人们消除了对实际事件的感受、思维,甚至记忆的认识。有时人们记住所有的事件,但是感觉情绪上完全脱离了记忆。另外,他们感觉脱离了个人的经历,好像他们不是真人,而是个机器人。这叫做人格解体。当人们感觉他们周围的世界不是真实的时候,就发生了现实感丧失。分离与恍惚状态相似,是在意识状态中对周围世界的认知发生了改变。

在经受过创伤的人中,分离相当常见,它起到了保护个人不被无法忍受的情绪压倒的作用。在创伤期间,一些人会记着曾经陷入分离状态。"躺在床上的不是我,我在天花板上的某处漂浮着呢。"虽然分离会帮助人们从创伤中活过

来,但是分离症状会在创伤结束后造成问题,干扰人们处理创伤和返回正常生活的能力。

▶ 创伤记忆真的被压抑了吗?

关于压抑的记忆的问题一直有许多争议。许多研究者和医生已经写了有关患者丧失了被虐待记忆,结果多年后又恢复了这些记忆的文章。记忆的恢复经常与一股侵入性创伤后的症状有关,像噩梦、情绪爆发,甚至自杀。在20世纪80年代和90年代,对创伤的压抑记忆的关注已经爆发成为一股歇斯底里的热潮,其中控告案迅速增加,并且有无辜的人被指控有罪,这些被指控的罪行是在心理治疗中突然"被记忆起"的。在心理健康领域内有些派别不相信存在可能被恢复的记忆。然而,有些专业人士在对那些儿童时期受过创伤的成人进行研究时,经常会遇到一些患者在创伤事件发生很久后恢复了童年记忆。

▶ 虚假的记忆可以暗示给人们吗?

伊丽莎白·洛夫特斯（Elizabeth Loftus）是长期研究变幻莫测的记忆的研究者。她由于对恢复的记忆提出挑战而闻名。她的研究表明,记忆是极其可塑的,人们是易受暗示影响的以及虚假的记忆可以通过暗示来灌输。换句话说,要使人们记住从未真正发生的事情不太费劲。洛夫特斯的研究突出了在心理治疗中诱出童年创伤的记忆所存在的危险。医生必须非常小心谨慎地对待他们怀疑可能受过虐待的患者,医生必须煞费苦心避免引导性的问题,始终牢记没有记忆只是意味着没有受虐待。

▶ 我们如何对待创伤的影响?

创伤的后果大多是通过心理治疗来医治的,但是创伤后应激障碍的急性症状需要通过抗焦虑或者抗抑郁药物治疗的。急性创伤后,人们需要帮助来降低他们的自主觉醒。换句话说,他们需要通过帮助平静下来。他们需要确信自己安全了,并且放下他们的警觉才是安全的。社会支持在恢复的所有阶段也是极其重要的,一起经受创伤的群体经常形成强大的纽带。

在眼前的危机过去后，人们讨论所发生的事是有帮助的，特别是为了与经历过同样创伤的其他人分享他们的经验。这是支持小组或者非正式的汇报有帮助作用的所在。如果创伤后应激障碍的症状发展了，认知行为技术的个体化治疗会有助于减少症状。放松技术会减少植物神经过度反应，逐渐脱敏会有助于人们克服避免任何提醒创伤的倾向，心理教育会有助于人们理解他们对创伤的反应。也应该谈论对有关创伤的扭曲的认知，特别是过度自责。

自责是对创伤的常见反应，因为它起到了对抗极端无助感的作用。"如果是我的过错的话，我现在就不会无助了。"同样，人们确实需要被授予权力，给予控制感的建设性行动应该得到鼓励。例如，写给报纸或者政府官员的信件、关于事件的公众演讲，以及纪念仪式，都能帮助人们感觉被授予了权力。

▶ 长期的童年时期的创伤与成年时期的急性创伤治疗方法不同吗?

对更长期的童年时期的创伤的治疗需要花费更多的时间，进展更缓慢。治疗应该首先处理所有严重的功能问题，像自残、自杀和严重的人格病理。只有当患者在不被痛苦的情绪或者发生危险的症状压垮的状况下并能容忍谈论创伤的时候，治疗才可以直接处理创伤。对一些人而言，这发生得相当快；对另一些人而言，这需要多年的时间。对情绪和行为的控制力非常脆弱的一些人，从来不会完全地处理创伤。代替的是，治疗关注的是夯实自我控制能力和一般的发挥作用能力。

虐 待 儿 童

▶ 什么是虐待儿童以及它在心理学中为什么如此重要?

创伤被定义为任何可怕的、危及生命的事件；而虐待儿童有更特定的意义，是指虐待受抚养的子女。虐待涵盖的范围包括从不能照顾孩子的基本需求到故意造成伤害。这种伤害包括暴力袭击或者性骚扰。虐待儿童一般被分成4个种类：疏忽照顾儿童、情绪或者心理虐待、身体虐待和性虐待。虐待儿童在心

理学领域已经得到了广泛的关注，因为它造成了极大的伤害并造成了深远的影响——虐待儿童几乎在心理功能的所有方面都留下了痕迹。

▶ 虐待儿童有多常见？

美国卫生和人类服务部对报告给官方的虐待儿童的案件进行了统计。根据统计，2007年在美国有差不多80万个虐待儿童事件。超过一半的报告涉及疏忽照顾儿童，13%是多种形式的虐待，10.8%是身体虐待以及7.6%性虐待。当然，这只包括报告的案件。我们可以假设真实的虐待事件要远远超出这些数字。

▶ 儿童遭受什么种类的虐待？

正如你从下面的表格中看到的那样，疏忽照顾儿童是引起官方注意的最常见的虐待儿童种类。这些统计来源于2007年美国卫生和人类服务部进行的有关虐待儿童的报告。尽管心理虐待被列为第二个最不常见的虐待报告给官方，但是这可能与实际发生的次数没什么关系。我们认为这是最常见形式的虐待之一，但是因为它并不会使儿童处于即时的人身危险，可能对它的报告还不够充分。

2007年美国报告的虐待儿童的种类

虐待的种类	百分比
疏忽照顾儿童	59.0
多种类型的虐待	13.1
身体虐待	10.8
性虐待	7.6
心理虐待	4.2
医疗疏忽	0.9
其　他	4.2

▶ 是谁在虐待儿童？

根据2007年美国卫生和人类服务部的统计，在报告给出的案件中，父母是最频繁虐待儿童的施虐者。妈妈施行虐待儿童案件占38.7%，妈妈和另一个人共同施行虐待儿童案件占5.7%；爸爸施行虐待儿童案件占17.9%，爸爸和另一个人共同施行虐待儿童案件占0.9%；妈妈和爸爸共同施行虐待儿童案件占16.8%。日间护理工作人员施行虐待儿童案件占0.5%，朋友/邻居施行虐待儿童案件占0.4%，女性亲属施行虐待儿童案件占1.7%，男性亲属施行虐待儿童案件占3.1%。父母的性伴侣施行虐待儿童案件也占少量百分比，其中男性性伴侣占2.3%，女性性伴侣占1.7%。

▶ 虐待儿童的后果是什么？

如上所述，童年时期的创伤不同于成年时期的创伤。成人的人格已经大部分形成了，而儿童的心理能力还没有完全发育。虐待儿童干扰了儿童的心理发展，阻碍或者歪曲了儿童不断增长的调节情绪、控制冲动、规划和追寻目标、沟通人际关系和保持稳定积极的自我形象的能力。受虐待的儿童也更可能在与同伴的关系和学业方面遇到问题，甚至比没有受过虐待的儿童遭受更多的医疗问题。因此，虐待儿童提高了焦虑、抑郁症、冲动控制障碍以及终生严重的人格病理学的危险。最可悲的是，虐待会使儿童认识到世界是残酷的、漠不关心的，而且令他们觉得儿童是不值得爱、保护或尊重的。

▶ 儿童时期的创伤的神经生物学效应是什么？

正在发育的儿童大脑中，创伤影响的正是大脑细胞的结构。创伤会阻碍髓鞘形成，即包围在神经元轴突周围的多层脂肪绝缘的生长。髓鞘可提高电脉冲穿过神经元的速度。创伤也会阻碍突触，即细胞之间以及细胞本身的形态或形状之间的联结的形成。这些都降低了大脑的密度和联结。此外，在涉及情绪、记忆和行为控制的大脑区域中，大脑细胞受到伤害。这样的区域包括扁桃体、海马回和额叶。

▶ 什么是复杂的创伤后应激障碍？

复杂的创伤后应激障碍属于慢性的、严重的虐待儿童所造成的长期影响，

这完全区别于正常的创伤后应激障碍。正常的创伤后应激障碍是成年时期急性的创伤所造成的影响。在复杂的创伤后应激障碍中，注意力、记忆力、意识、情绪的调节和人格特征，包括不稳定的、扭曲的、消极的自我认知以及有问题的人际关系，都有长期的变化。这些问题会导致分离、自残、自我毁灭行为以及在严重的儿童虐待中幸存的人身上经常发现的情绪风暴。尽管慢性的创伤后应激障碍不是官方的诊断，但是目前它因为列入新版的《精神疾病诊断统计手册》而被加以评估。

▶ 什么因素增加了对虐待儿童的长期伤害？

并不是从虐待儿童中幸存的每个人都遭受同样的结果。许多因素影响结果。第一个因素是虐待的严重性。暴力的、残酷的、频繁的和长期的虐待显然比不严重的虐待影响大。与施行虐待的人的关系也极为重要。对施行虐待的人的精神依赖越大、关系越近，受到的伤害就越大。因此，施行虐待的妈妈造成的伤害最大，其次是施行虐待的爸爸、其他亲属、朋友、熟人，接下来是陌生人。

▶ 美国在某种程度上受虐待的儿童占多少百分比？

下面的表格显示了在美国对受害儿童的总数按年龄和性别的分类。如表格所示，大多数的虐待案件发生在4岁以下的儿童身上（60.2%的男孩和58.1%的女孩）。这些案件中大多数涉及疏忽照顾儿童。4岁后，虐待儿童的发生率下降，只是在青春期虐待女孩（但不是男孩）的发生率再一次上升。虐待青春期少女案例的增加很可能是由于开始于那个时期的性侵犯案的增加。这些统计来源于2007年美国卫生和人类服务部进行的关于虐待儿童的报告。

2007年虐待儿童受害者的百分比（按年龄和性别分类）

年 龄	男孩（%）	女孩（%）
不到1岁	22.2	21.5
1岁	13.2	12.7
2岁	12.8	12.2
3岁	12.0	11.7

年　龄	男孩（%）	女孩（%）
4—7岁	11.4	11.6
8—11岁	9.2	9.6
12—15岁	6.9	10.5
16—17岁	3.9	7.0

▶ 在美国不同的年龄组间,不同种类的虐待儿童的频率是多少?

　　下面的表格显示了不同的年龄组间不同种类的虐待儿童的频率。例如,虐待儿童案件总数的21.8%涉及4岁以下的疏忽照顾儿童。正如你所看到的,随着儿童年龄的增长,疏忽照顾儿童就不太常见了,而性虐待较常见了。所有种类的虐待到儿童15岁后都下降了。这些统计来源于2007年美国卫生和人类服务部进行的关于虐待儿童的报告。

2007年美国不同年龄儿童的不同种类的受虐待的百分比

虐待儿童种类	0—3岁	4—7岁	8—11岁	12—15岁	16—17岁
疏忽照顾儿童	21.8	14.3	10.6	9.0	2.95
身体虐待	2.7	2.5	2.1	2.4	0.9
心理虐待	1.14	1.05	0.95	0.78	0.22
性虐待	0.48	1.8	1.8	2.7	0.8

▶ 什么是代际之间的虐待循环?

　　可悲的是,虐待儿童经常是从一代人传到另一代人。遭受虐待的儿童的父母经常是在他们儿时的家庭里发生过虐待儿童事件,就好像是他们自动地学会了当时他们遭受虐待时的虐待儿童的方法。然而,有必要注意的是,遭受过虐待的大多数人不会在长大后虐待自己的孩子。还有,有几个因素缓冲了虐待儿童的影响。例如,虐待儿童的受害者接受了较多教育、社会支持和经济有保障的

话,他们不太可能虐待自己的孩子。

▶ 什么因素可减轻虐待儿童造成的后果?

与交替照顾孩子的人,像阿姨、祖父/母或者帮忙照顾的邻居培养一种温暖、亲密的关系会减弱虐待儿童造成的伤害后果。同样,如果虐待立即被处理,儿童得到保护以不受到进一步的伤害,这对恢复儿童对世界的信任起到很大的作用。如果施虐者不是关系密切的家庭成员的话,这就更简单了。然而,如果儿童强烈地依附于施虐者的话,例如,如果施虐者是孩子的父亲或者母亲,与施虐者分离开也会造成巨大的失落感。

虐待儿童经常是从一代人传到另一代人,但是这种循环可以被打破。虐待儿童的受害者中的大多数在长大后不会成为对儿童的施虐者。(图片来源: iStock图像)

心理治疗会帮助儿童受害者了解发生在他/她身上的事,纠正任何歪曲的虐待观点(像自责),克服有关虐待和施虐者的复杂的、有时是矛盾的情绪。希望这样的帮助会防止经历过虐待儿童事件后产生的一系列消极的心理影响。并且,与更大的社会团体(例如,学校、教堂)建立联系,相应的家庭纪律和稳定会降低受虐待儿童的消极心理影响。

▶ 有关适应性强的儿童我们知道些什么?

如上所述,不是所有的受虐待儿童幸存者都有严重的心理精神病理。事实上,据估计遭受过虐待的儿童中有1/3的人成长为健康的、有较好调节能力的成人。这样的儿童被认为是适应性强的,意思是说他们能够恢复、反弹过来,并且甚至面对巨大的压力能发展良好。研究已经发现几种因素与儿童的心理韧性有关联:智力、与家庭之外的人建立情感联系的能力、缓和自我控制、积极的自我形象和内控都促进了心理韧性。具有内控的人认为他们对他们的环境有合理的控制力,并且他们的行动会产生差别。此外,虐待儿童适应性强的幸存者与适应性不太强的幸存者相比,前者不太可能因为虐待的事件责备自己。

性　虐　待

▶ 什么是性虐待?

儿童性虐待涉及儿童与成人之间或者儿童与比其大得多的儿童之间的不适当的性接触。根据琼·林(Joan Liem)、杰奎琳·詹姆斯(Jacqueline James)和其同事在1997年的研究使用的定义:性虐待涉及与未成年的儿童的任何形式的强迫性性接触,比如13岁或13岁以下的儿童与比其大5岁或者更多的人之间的任何性接触。虽然在美国州与州之间确切的法规不同,但是任何成年人与未成年的儿童的性接触都是违法的。性虐待包括从暴露生殖器到爱抚身体部分、到直接的生殖器接触、最后到肛门或者阴道性交。可以说,性虐待可能是造成心理伤害最大的虐待儿童的形式。

▶ 性虐待是暴力的吗?

大多数的猥亵儿童事件不是暴力的。大多数的儿童性骚扰者使用操纵或者诱惑手段接近受害儿童。相当数量的儿童性骚扰者仅使用部分的力量便足以实现他们的目标。只有一小部分是真正暴力的。然而,这些极端的案件吸引了媒体的最多关注,令人遗憾的是,这给公众留下了对儿童性虐待问题的扭曲看法。

▶ 谁是儿童性虐待的受害者?

根据政府统计,青春期女孩是最常见的儿童性虐待的受害者。然而,青春期前的男孩和女孩性虐待仍然普遍存在。在2007年,根据美国健康部门的统计,报告给官方的大约有56 460个儿童性虐待案件,其中30 160个案件(53%)涉及12岁

以下的儿童。根据美国联邦调查局（Federal Bureau of Investigation，简称FBI）的统计，大多数的受害儿童是受到他们认识的人的性虐待，其中34.3%是受到家庭成员的性虐待，58.7%是受到朋友或者熟人的性虐待，7.0%是受到陌生人的性虐待。

▶ 儿童性虐待有什么影响？

尽管对儿童性虐待的心理反应涉及的范围广，但是自尊心低、抑郁、分离、缺乏信任和强烈的羞耻感的问题很常见。事实上，复杂的创伤后应激障碍的诊断大部分是从对性虐待的幸存者的研究中发展起来的。边缘性人格障碍也与儿童性虐待密切相关。这并不奇怪，许多性虐待的幸存者也在成人的时候有性功能障碍。一些幸存者在性方面过于控制，强烈恐惧和厌恶性接触。而另一些人则走向相反的极端，进行性淫乱，从事强迫的、被迫的以及经常鲁莽的性行为。贝思·布罗德斯基（Beth Brodsky）和同事2008年进行的一项研究表明，儿童受性虐待的影响可以跨越几代人。儿童时期受过性虐待的妈妈的孩子与没有受过性虐待的妈妈的孩子相比，他们的自杀倾向比率有增加的趋势。

▶ 性虐待能跨越几代传递吗？

像许多形式的虐待儿童一样，性虐待可以跨越几代传递。童年时期受过虐待的成人或者会虐待他们自己的孩子或者会与虐待儿童的人结为伴侣。这并不是说所有儿童性虐待的受害者会成长成虐待他们自己的孩子的人。相当大比例的童年时期受过性虐待的人并没有把他们受虐待的经历传递给自己的孩子。尽管如此，受过虐待的儿童的父母比没有受过虐待的儿童的父母更可能自己有过受虐待的经历。

▶ 乱伦与其他种类的性虐待有何区别？

根据美国联邦调查局的统计，大约34.3%的虐待儿童案件涉及乱伦。当儿童与性施虐者有亲属关系的时候，就发生了乱伦虐待。乱伦虐待的受害者往往经历了更频繁的侵犯和长期的性虐待，因为施虐者会持久地、方便地接近受害者。研究表明总体上乱伦受害者比其他种类的儿童性虐待受害者遭受更大的心理伤害。儿童不仅受到性虐待本身的影响，儿童的整个人际关系观念都被乱伦关系所扭曲。特别是当孩子被父母一方或者照顾他们的亲近的人虐待的时候，他们在信任别人、相信自己值得被照顾、珍视或者甚至承认自己的需要和局限这些方面的能力会深深地受到伤害。施虐者不是扮演了照顾孩子的角色，而是扮演了利用和剥削孩子的角色。在这种情况下，儿童经常很难理解这既不正常也不可以接受的事实——那是成人的过错，不是孩子的过错。

▶ 什么是恋童癖？

恋童癖是一种精神障碍，其特点是青春期前的儿童对其有持久的性吸引力。然而，不是所有的儿童性骚扰者都是恋童癖者。例如，一些儿童性骚扰者性侵犯儿童并不是因为他们对儿童有性欲望，而是因为儿童是方便的目标，他们或者喝醉了，或者由于其他某一原因。再有，不是所有的恋童癖者都是儿童性骚扰者。一些对儿童有强烈的、持久的性吸引力的人不会按照他们的强烈欲望行事。此外，骚扰青少年的成人不一定是恋童癖者，因为恋童癖只是指对青春期前的儿童有性渴望。

▶ 有不同种类的恋童癖吗？

恋童癖的种类有几种，但是也许最有用的是要弄清楚真正的恋童癖者和机会主义的恋童癖者之间的区别。与之类似的词语包括迷恋的恋童癖者与退缩型的恋童癖者相对，以及优先的恋童癖者与情境的恋童癖者相对。真正的恋童癖者觉得青春期前的儿童有持久的性吸引力；机会主义的恋童癖者对于儿童不太有重点的性吸引力，他们与儿童的性接触会依赖于环境，像方便接触到儿童受害者、由于滥用药物丧失正常的抑制力或者与成人性伴侣在一起感觉不适应。这样的话，机会主义的恋童癖者会与非恋童癖的儿童性骚扰者交叠在一起。

▶ 是什么引起恋童癖？

在这点上，尽管提出了相当多的可能的原因，但这个问题没有明确的答案。可能有3个原因，包括社交技能不足、神经损伤（或者大脑损伤）和恋童癖者自

己的童年性虐待经历。

▶ 恋童癖者缺少成熟的社交技能吗?

研究者和医生已经表明,有证据显示,恋童癖者曾遭受某种类的神经紊乱或者大脑损伤。几次大脑成像研究已经表明了恋童癖者异常的大脑功能,有一些人是在遭受大脑损伤后患有恋童癖。然而,这一研究由于使用的恋童癖者样本而变得复杂。大多数的研究是从刑事司法系统获得他们的受试者的。换句话说,我们研究的是那些被抓起来的人,我们几乎没有研究过那些没被抓起来的人或者从不按照他们的强烈愿望行事的人。我们知道整体上说罪犯往往智力较低、不能控制自己、病态的人格特质比一般人高。所以,不清楚生物调查结果是否与恋童癖本身有关,或者与罪犯身上常见的其他问题有关。

▶ 恋童癖者在儿童时期遭受过性虐待吗?

儿童时期的性虐待和成年时期的恋童癖发展似乎确实有着明显的关系。许多研究已经表明,在恋童癖者的样本中受儿童性虐待的比率比一般大众的要高。还有,恋童癖者中的受儿童性虐待比率比非性犯罪者甚至针对成人性犯罪者要高。随着我们越来越多地了解早期的创伤如何影响大脑,就有可能知道早期的性虐待扰乱了对性有调节作用的部分大脑,这就促进了一些受害者身上恋童癖的后期发展。

▶ 儿童遭受过性虐待的迹象是什么?

儿童通常不会告诉任何人他们遭受了性虐待。即使儿童与父母一方有亲密的、值得信任的关系,以及虐待是由家庭以外的人施行的,孩子也会出于羞耻、迷惑、对施虐者报复的恐惧,或者因为儿童年龄太小而不了解所发生的事,保守了受虐待的秘密。在这些状况下,在儿童的行为中会发现线索。儿童的行为有明显的变化,包括突然焦虑发作、抑郁、社交退缩、自尊心降低,或者睡眠障碍。很好的儿童会突然开始逃学、学习成绩下降、体重减轻或者增加许多。儿童不寻常的或者强迫性的性行为会是儿童经历过性虐待的另一个线索。突然害怕或者厌恶某一特定的成人也会是一个线索。当然，像这些行为改变除了是由于性虐待之外，还可能是由于其他原因。没有必要认为有情绪问题的儿童就必定遭受过性虐待。尽管如此，重要的一点是要认识到儿童不是总会用语言表达他们受过虐待，他们会通过明显改变他们的行为来表达他们所遭受的痛苦。

家 庭 暴 力

▶ 什么是家庭暴力?

家庭暴力是指亲密伴侣（或者恋爱伴侣）间的任何种类的暴力，一般是指丈夫和妻子，但是也适用于同居或者未同居的未婚情侣。家庭暴力也在同性恋情侣之间发生，无论是男同性恋者还是女同性恋者。暴力的严重性不等，从适中的攻击，像掴耳光或者推搡，到严重的攻击（殴打、用脚踹），再到极端攻击（长期殴打、烧烫，或者打断骨头）甚至谋杀。

▶ 家庭暴力和虐待妻子有什么区别?

家庭暴力是一个很一般的词，不是特指施虐者、暴力的严重性，或者暴力持续的时间。虐待妻子是一个比较特定的词，是指一种由她的男伴施加给女性的恐吓、控制、恐怖以及身体暴力的系统模式。这种行为的目的是要获得对女性的完全控制。

▶ 对于家庭暴力的态度有什么历史?

令人吃惊的是，关系亲密的人之间的暴力问题直到最近才受到人们的关注。作为20世纪60年代兴起的民权运动浪潮的一部分，女权主义把注意力转到了受虐待女性的深刻问题以及社会已表现出的对受害者令人不安的疏忽。几个研究者和活动家采访了数十个（如果不是数百个）女性，她们讲述了令人印象深刻的多年的家庭暴力和被虐待的经历。社会很少关注这些经历，认为有其存在

的合理性,并置之不理;警察会把家庭暴力当作家庭私事予以忽视;牧师会强调维持家庭重于女性安全的必要性;法庭不会起诉这些案件。直到20世纪70年代兴起的一项运动开始把人们的注意力转到了家庭暴力和虐待妻子的深刻的破坏性影响上。为被虐待的女性建立了庇护所,起草了新的法律,警察、牧师和其他官方也了解到这一问题的严重性。

▶ 女权主义在对家庭暴力的理解上起到了什么作用?

女权运动在发展家庭暴力的意识方面起了重要作用。女权主义作家最早对虐待妻子的心理、身体、经济和文化方面进行详细描写,并坚持让公众关注这一问题。但是由于女权运动实质上是一场政治运动,解决家庭暴力的办法强调虐待妻子的政治根源。更具体地说,虐待妻子被看作是社会对女性压迫的增长。在一个父权制的(男性占主导地位的)社会里,女性被当作财产看待,虐待妻子被看作是控制女性的准合法手段。

▶ 家庭暴力研究是怎样从早期的女权主义观点改变过来的?

最近对家庭暴力问题的研究比最初的女权主义作家呈现出更广泛的观点,更多地强调了实证研究,而不是开放式访谈和临床病史。研究的兴趣集中在对同性别的暴力、家庭暴力对儿童的影响、对亲密伴侣施行暴力的人的心理特征以及由女性发起的暴力行为的作用。重要的是,实证研究已经显示,不是所有的家庭暴力都可以按照对女性的父权制压迫来解释。虽然虐待妻子的经典实例确实存在,但是女性自身并不总是施虐伴侣的无助的受害者,女性自身有时也是暴力的,并且展示出经典的虐待者的一些心理虐待战术。此外,同性恋伴侣间的暴力不能简单地由对女性的社会压迫来解释。虽然后期的研究比早期女权主义者所描述的显示了更复杂的画面,但是家庭暴力的本质和频率不可否认的是受到了女性在社会的文化、经济和法律地位的影响。

▶ 虐待综合征的一些主要概念是什么?

即使家庭暴力的研究范围已经扩大,超越了20世纪70年代的政治制高点,由女权主义作家提出的几个主要观点还是阐明了虐待关系的心理机制：不管所涉及的人的性别，虐待关系有特定的心理特征，即对牵扯的任何人有持久的和极具破坏性的影响。另外三个重要的概念是：暴力循环、强制控制和创伤情结。

▶ 雷诺尔·沃克的暴力循环模型是什么？

　　心理学家雷诺尔·沃克（Lenore Walker）已经写了很多有关被虐待的女性的文章。在1979年出版的《被虐待的女性》（*The Battered Women*）这部有影响力的书中，她用暴力循环的概念来描述施虐者的一贯暴力行为模式。根据对被虐待女性的深入采访，沃克描述了暴力循环的3个阶段：紧张积聚阶段、激烈虐待事件和蜜月阶段。紧张积聚阶段先于激烈虐待事件，在这个阶段中，施虐者越来越有暴怒和攻击行为，会辱骂、遇到轻微的挫折就爆发脾气，变幻莫测的紧张感积聚起来。在这一时刻，被虐待的女性知道严重的爆发随时会发生，她倍加小心安抚她的伴侣，避免最终不可避免的事情发生。她在她的伴侣身边大气不敢出一声，整日如履薄冰。

　　经过一段时间——时间长度从几天到几年不等——紧张升级到最后爆发成暴力袭击，即激烈虐待事件。在这阶段会发生殴打、脚踹、用物体打击和推下楼梯，也会发生强迫的性行为。虐待会持续几个小时，有时直到施虐者累到精疲力竭并完全地释放了他的紧张的时候才结束。在蜜月阶段，施虐者表达了悔恨，承诺改变，努力赢回女性的爱。另外，如果女性想要离开他，他会威胁要自杀，竭尽全力用加倍的情意、礼物和情爱追回她。这会持续到下一次紧张积聚阶段重新开始。尽管沃克的理论在家庭暴力的研究和治疗方面一直相当有影响

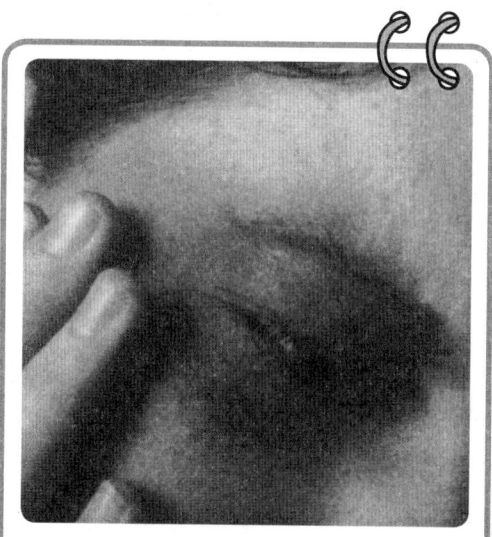

男性和女性都会虐待配偶，但是每当女性在社会中拥有较少的经济或者法律权利的时候，针对女性的暴力就更常见。（图片来源：iStock 图像）

力，但是它也因为过于简单化和不适用于所有家庭暴力案件而受到了批评。尽管如此，大多数的医生会赞同她对家庭暴力的一些案件所进行的描述。

▶ 埃文·斯塔克的强制控制模型是什么？

在2007年，埃文·斯塔克（Evan Stark）出版了一本名为《强制控制：个人生活中男性如何使女性陷入困境》的书。斯塔克关于强制控制的观点不新，事实上，这些观点可追溯到20世纪70年代。但是经过30年对受虐待的女性的研究后，斯塔克认为家庭暴力领域已经放弃了它的女权主义的根源而转向了过窄的对身体暴力的关注。在他看来，正是虐待关系的心理方面才是最具破坏性的。强制控制是指心理上控制被虐待的女性的系统性尝试。斯塔克认为这是虐待关系的核心。

施虐者使用的策略广泛，包括：对受害者的生活（例如，服装、个人形象、饮食）的全方位控制、偏执的占有欲、猜疑和性嫉妒、辱骂和对骂、对不重要的或者想象的违规行为不可预知的爆发情绪、使受虐待的女性与所有的社会支持来源隔离开、继续危害性低的人身攻击（例如，拽头发、拽胳膊、推推搡搡、拉拉扯扯）。这些策略产生了一种恐惧和自我怀疑的气氛，转过来起到了摧垮受害者的自尊心、自主感和抵抗施虐者的统治能力的作用。当严重的虐待发生的时候，它们只是加强了受害者的无助。暴力不是独自存在的，它是摧垮受害者并有效地把她/他扣为人质的方案的一部分。

▶ 家庭虐待与其他形式的强制控制有怎样的相似性？

正如几个作家所提到的那样，在虐待关系中使用的强制控制策略与其他束缚和恐惧情况下使用的策略显著相似。强制控制策略经常针对政治犯、邪教组织成员和年轻的卖淫女使用。目标总是一致的，是要摧垮受害者的自信和独立存在的自我意识，使受害者怜悯施虐者。

▶ 关于囚禁的心理影响朱迪斯·赫尔曼谈论了什么？

在1992年，朱迪斯·赫尔曼（Judith Herman）出版了《创伤与恢复》这

帕蒂·赫斯特是谁？为什么人们现在仍然记得她？

1974年2月4日，19岁的帕蒂·赫斯特（Patty Hearst），美国传媒业巨头威廉·兰道尔夫·赫斯特（William Randolph Hearst）的孙女，在加州大学伯克利分校被绑架。一个名为共生解放军的群体自称对这次犯罪负责。有好几个月，帕蒂被锁在一个壁柜里，挨打、遭强暴。在1974年4月，她被拍摄到参加了一次银行抢劫。在1975年9月，她因为持枪抢劫而被捕。检察官争论认为她是

帕蒂·赫斯特的戏剧性的案件已经成为绑架受害者与她的绑架者同流合污的典型例子。赫斯特竟然在1974年听从其绑架者的命令而持枪抢劫。（图片来源：ShutterStock 图像）

自愿从事犯罪行为的，因为她没能逃离她的绑架者，即使在她有足够的机会这么做的时候。帕蒂·赫斯特被裁决有罪，被判处35年徒刑，后来被减刑到7年。但赫斯特只在狱中待了21个月，因为她得到了美国总统吉米·卡特的减刑。许多年之后，她写到了她的磨难，描述了酷刑和囚禁造成的心理影响如何使她即使在严格的法律意义上来说她是自由的，在可以逃跑的情况下认同并且随后应绑架者的要求进行合作。

本书，书中谈论了从家庭虐待到政治恐怖这些创伤虐待所造成的心理影响。她有关囚禁的影响的章节的讨论专门与家庭暴力有关。实际上，囚禁会产生某种形式的洗脑。在严重的虐待情况下，施虐者把受害者掠为俘虏。通过控

制受害者的整个世界——他们的睡眠—清醒周期、他们的饮食、他们的身体安全，并且最重要的是，他们与其他人的接触——施虐者会逐渐地掌控受害者的大脑。通过不断地辱骂和身体虐待的侮辱，受害者失去了任何自我价值感。他们对自己控制环境的能力失去了信心，对事物的真实感受被摧毁了，因为施虐者控制了其得到的信息并令其不断自我否认。还有，施虐者使受虐者与其他人隔离，使他们接触不到外面的现实世界，他们无法检测自己扭曲的世界观。

摧垮受害者的自我意识的一个特别强大的方式是使他们背叛他们自己的道德价值观。受害者会被迫参与情绪扰乱的性行为或者参加虐待另一个受害者。类似的技术用于洗脑或者"摧垮"囚犯或者邪教组织成员。这项研究的一个关键意义是在正常的情况下任何人都会遭受同样的心理影响。同样，任何人都会陷入虐待关系中。当然，某些人比另一些人更容易受虐待关系的影响。在儿童时期经历过虐待儿童和家庭暴力的人会更容易开始或者保持虐待关系。类似地，年轻人和有显著的心理问题的人也会更受影响。

▶ 什么是创伤情结？

创伤情结是有助于我们理解虐待关系力量的另一种概念。当人们处于极端压力的时候，有强烈的需要与他人形成强大的情绪纽带。例如，战斗中的士兵与他们的部队中的其他士兵形成终身的纽带关系。由于虐待关系造成巨大的创伤，受害者也感觉有一种强烈的需要形成社会纽带。但是由于受害者与社会隔离，除了施虐者以外他们没有别的人可指望。这样，受害者在情绪上最多依靠的人正是给他们造成如此多痛苦的人。

▶ 为什么受虐待的女性不离开施虐者？

受虐待的女性保持在这样的关系中有许多原因，即使在旁观者看来似乎不可理解。首先，经常有一些实际原因，像出于法律的、经济的、财力的和文化的考虑。其次，如果离开的话，她们有充足的理由担心她们的安全，甚至她们的生命。再次，虐待关系所造成的心理影响作用把她们的自信心摧垮到她们无法离开的程度。

▶ 海达·纳斯鲍姆和乔尔·斯坦伯格是谁?

海达·纳斯鲍姆（Hedda Nussbaum）在1987年打死她非法收养的女儿丽莎·斯坦伯格（Lisa Sternberg）的案件在全国引起了轰动。1989年，她的同居伴侣，乔尔·斯坦伯格（Joel Steinberg）被判误杀致孩子死亡罪。最初，鉴于纳斯鲍姆未能采取行动保护她的女儿，她也被判致孩子死亡的罪行。然而，纳斯鲍姆也是乔尔·斯坦伯格虐待的受害者。斯坦伯格长时间持续残忍的虐待使纳斯鲍姆毁了容。最终，法庭承认多年的身体折磨、性折磨和心理折磨使得纳斯鲍姆心理和身体两方面不能够采取行动对抗他，甚至挽救她的孩子的生命。

◉ 受虐待的女性不离开施虐者的实际原因是什么?

虽然现在不像几十年前那样真实，但是在纯粹实际的层面上，受虐待的女性经常很难离开她的施虐者。财力不足、缺乏足够的法律保护和缺少家庭和牧师的支持都会阻止受虐待的女性逃离。虽然现在对家庭暴力的公众意识比几十年前强得多，但是受虐待的女性仍然得不到她们独立生存所需要的资源和支持，特别是如果她们有孩子的话。此外，受虐待的女性有充足的理由担心她们的安全或者她们的家庭的安全。施虐者经常威胁说如果她离开的话，就杀死这个女性或者伤害她的家庭。这些威胁不是瞎说。由亲密伴侣施行的谋杀案在女性凶杀案中最常见，在这个时刻逃离是特别危险的。

◉ 受虐待的女性不离开施虐者的心理原因是什么?

强制控制的整体目标是要摧垮受害者的独立性。辱骂、恐怖、不可预测性和实施的社会隔离都强有力地摧毁了受害者的自我意识，甚至她的现实感。心理上被打败的女性会觉得没有施虐者就活不下去。这就是许多女性在离开了施虐

▶ 美国1994年著名谋杀案的审判如何将人们的注意力转移
到了家庭虐待的问题上？

在1994年8月对O. J. 辛普森的审判期间，O. J. 辛普森（图右）和他的律师之一罗伯特·夏皮罗（Robert Shapiro）。[图片来源：美联社/尼克·Ut拍摄（AP Photo/Nick Ut, Pool）]

1994年的妮可·辛普森（Nicole Simpson）和罗纳德·高德曼（Ronald Goldman）谋杀案造成了巨大的丑闻。O. J. 辛普森（O. J. Simpson），前橄榄球超级球星，妮可的分居的丈夫，在电视全程直播了其戏剧性的追捕场面后，因谋杀案而被拘捕。有辛普森家的家庭暴力记录，还有O. J. 辛普森实施暴力时妮可多次拨打911电话的警方记录，还有谋杀案前拍摄的妮可伤痕累累的脸部图片。

尽管公诉人描述的是一个没有漏洞的案件，但是O. J. 辛普森还是被判无罪。他的律师，约翰尼·科克伦（Johnny Cochran）巧妙地把陪审团的注意力从O. J. 辛普森有罪或者无罪的问题上转移到了洛杉矶警察局的公信力上。辛普森后来在过失致人死亡的民事诉讼中被裁决有罪。审判后，相当多的媒体关注聚焦在由公众对这个异族丑闻的反应所暴露的美国正在进行的种族分裂问题上。令人遗憾的是，这个广为宣传的案件没有给家庭暴力问题带来多大的关注。

者后又回到他身边的原因。

▶ 家庭暴力如何影响儿童？

　　毫无疑义，家庭暴力对儿童有严重的影响。儿童目睹家庭暴力所经历的心理伤害不亚于亲身遭受家庭暴力所感受到的心理伤害。遭受身体虐待的儿童受害者和目睹身体虐待的儿童目击者都反映出有较强的抑郁、侵犯、人际关系和教育问题。总之，目睹了家庭暴力的儿童也是家庭暴力的受害者。此外，在暴力的家庭中长大的儿童在成长过程中认为亲密关系中的暴力是正常的。当他们成人的时候，更可能在身体上虐待他们的伴侣，或者与身体上虐待他们的人结婚。

▶ 只有男人实施虐待吗？

　　早期的女权主义学者坚持认为配偶虐待在绝大多数男性中存在。然而，许多研究针对社会中的夫妇进行了调查，调查表明女性实际上比男性更可能实施暴力，特别是轻度形式的暴力。在2007年对607名大学生的研究中，罗斯玛丽·科冈（Rosemarie Cogan）和蒂芙尼·芬内尔（Tiffany Fennell）发现53%的女性和38%的男性报告了对亲密伴侣进行人身攻击的事件。在2006年苏珊·奥利里（Susan O'Leary）和艾米·斯莱珀（Amy Slep）进行的研究中，453对有孩子的同居伴侣报告了类似的结果。女性承认在过去的1年内有3次轻度的人身攻击行为和2次严重的人身攻击行为，与之相比，男性承认在过去的1年内有2次轻度的人身攻击行为和1次严重的人身攻击行为。此外，男性和女性都认为与由男性发起的暴力相比，由女性发起的暴力不太危险，不会造成多大的问题。

　　然而，与上面引用的研究相比，犯罪统计所显示的却有所不同。与女性相比，男性更可能参与对伴侣的刑事攻击，而由亲密伴侣施行的女性凶杀案比由亲密伴侣施行的男性凶杀案更常见。事实上，由亲密伴侣实施的谋杀是最频繁的女性谋杀案形式。总之，这些研究结果表明了美国女性同样参与了轻度至中度的人身攻击行为，但是男性仍然更可能参与对亲密伴侣的严重的和威胁生命的暴力。

▶ 有关亲密伴侣暴力的犯罪统计是什么？

　　根据美国司法部统计，从2001—2005年，每年有0.4%的女性和0.09%的男性因受亲密伴侣的虐待报了警，这占所有的女性非致命性虐待的21.5%和男性的3.6%。还有，在2005年，有1 181名女性和329名男性被亲密伴侣谋杀。1976—2005年，有30.1%的女性谋杀案和5.3%的男性谋杀案是由亲密伴侣实施的。因此，女性可能被亲密伴侣谋杀的人数是男性的3.6倍，女性可能遭受亲密伴侣的非致命性虐待的人数是男性的4.4倍。不过，好消息是由亲密伴侣实施的所有暴力犯罪的发生率在最近几十年已经急剧下降。

▶ 家庭暴力率在不同文化中有差异吗？

　　家庭暴力率，特别是针对女性的暴力，似乎在不同文化中变化显著。根据2009年世界卫生组织的报告，在曾经是伴侣的女性中，终身受配偶虐待的比率由15%—72%变化不等。农村受配偶虐待的比率比城市高得多。亲密伴侣实施的性暴力和身体暴力的终身比率在埃塞俄比亚的农村是72%，在秘鲁的农村是69%，在孟加拉国的农村是62%，在日本的农村是15%，在塞尔维亚和黑山的农村是24%，在巴西的农村是29%。尽管配偶虐待的年比率比终身比率低得多，但是虐待不是一时的事情，如果它发生了一次，就可能再次发生。

▶ 什么因素增加了针对女性的暴力盛行？

　　贫穷、战争以及政治与经济的不稳定导致了针对女性暴力比率的增加。此外，酗酒和儿童时期遭受过家庭暴力的都可能增加家庭暴力发生的概率。然而，最重要的因素是对于家庭暴力和妇女权利的文明态度。当女性没有了权利而男性有权把女性当作财产的时候，家庭暴力就会盛行。

▶ 不同文化中的妇女的权利有何差异？

　　妇女的平等权利得到普遍的接受是相当新的现象，只是在近40多年前开始出现。尽管现在女性几乎占美国劳动力的一半，大约占法律、医疗和博士学位的

50%，但只是在35年以前，女性还仅占这些职业的一小部分。根据美国国务院2003年有关国际人权的报告，发展中国家为争取妇女平等权利的运动只是刚刚开始。

例如，在许多伊斯兰国家，女性的作用仍然受到极大的抑制，宗教保守派认为女性应该完全服从于男性。因此，女性的合法权益在不同的文化中显著不同。在大多数西方发达国家中，女性实质上拥有与男性同样的合法权益，工作的合法权利、获得信贷的合法权利、拥有财产的合法权利、提出离婚的合法权利、获得子女监护权的合法权利和拥有像男性一样在法庭上作证的合法权利等。而在一些发展中国家中，像在南非，发展中的新法律支持了妇女的许多权利。然而，这些法律的执行经常很不严格，特别是在农村得不到普遍接受。在其他国家中，像沙特阿拉伯，没有男性的陪伴，是不允许女性开车或者旅行的。

▶ 不同文化对家庭暴力的态度有何差异？

只是在最近几十年，女权运动使得家庭暴力的问题引起了公众的关注。大多数的工业化国家现在已认识到这一问题，并制定法律反对家庭暴力。例如，在加拿大，到2002年有524个为受虐待女性建立的庇护所。在其他发展中国家，像南非，有禁止家庭暴力的法律，但是法律的执行是个问题，并且反对家庭暴力的公众教育或者为受虐待女性建立庇护所的工作得不到政府的支持。还有的国家，像保加利亚或者津巴布韦，仍然没有反对家庭暴力的法律。在许多文化中，普遍的态度促进了对家庭暴力的容忍，问题被家庭和社会还有司法和医疗体制最小化，甚至有些女性都认为男性有权利在身体上惩戒他的妻子。

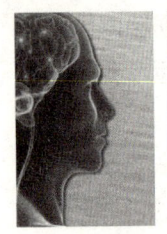

六
法庭心理学

▶ 什么是法庭心理学?

"法庭的"这个词是指法制。法庭事项包括任何与法律的运用和实施相关的事宜以及对那些违法的人的起诉。

法庭心理学是一个相对新的领域,但是它发展迅速。法庭心理学家进行涉及民法和刑法许多事宜的工作。在民法事项中,他们涉及能力和伤残的评定,以及离婚调解和监护权评定。在刑法案件中,他们评定被告的精神状态(特别是在精神错乱方面),并就相关的心理因素方面提供专家证词。

法庭心理学家也会为监狱囚犯提供心理治疗,包括暴力犯罪或者性犯罪的具体治疗方案。他们也直接与执法人员合作,他们为警察部队甄别申请人,并能为警方和其他执法人员提供处理压力、悲伤和创伤咨询事宜。最后,法庭心理学家还进行有关儿童证词的可靠性、性犯罪的再犯、冲动和攻击以及青少年犯罪的科学研究。

▶ 什么是犯罪分析?

犯罪分析只是根据犯罪现场的证据试图找出罪犯的心理、人格和行为特征。在过去的约30年时间,犯罪分析已经在执法方面很普及,现在许多国家已普遍实践它。它的普及体现在美国全国广播公司(NBC)的电视节目中,节目的名字叫作"剖析"(*Profiler*)。尽管在发展犯罪分析的理论和体制方面已经做了许多尝试,但是几乎没有实际的科学证据表明它起作用,甚至研究人员争论如果进行适当的研究的话，犯罪分析是否会得到科学验证。在1990年由安东尼·皮尼佐托（Anthony Pinnozotto）和诺曼·芬克尔（Norman Finkel）所做的研究中指出，当鉴定性罪犯的人格特征的时候，犯罪分析者比其他群体（由侦探、心理学家和学生组成）更准确，但是在杀人犯方面不如侦探准确。

犯罪行为心理学

▶ 有关犯罪行为方面的心理学告诉了我们什么？

任何种类的犯罪行为都涉及有意识地选择触犯法律——如果是无意的行为，就不是犯罪。尽管我们知道许多环境因素——包括贫穷、周围的犯罪率、社会规范以及缺少合法就业机会——都促使了犯罪行为的发生，但是心理因素也在选择触犯法律的犯罪行为方面发挥了不可或缺的作用。

▶ 所有犯法的人都有异常的心理特质吗？

不是所有犯法的人都有异常的心理特质。违法的行为可以由许多不同的因素激发。然而，某些心理特征使一些人可能比其他人更易从事犯罪行为。

▶ 犯罪心理存在吗？

心理健康领域持续有好几十年，一直尝试对可能从事犯罪行为的人的人格特质进行分类和研究。换句话说，他们尝试对犯罪心理进行诊断。在官方的《精神疾病诊断统计手册》第四版及修订版的最新版本中，对反社会型人格障碍的诊断描述了那些习惯性地违反社会规范和道德准则的人。

▶ 什么是精神病？

精神病的概念应该区别于《精神疾病诊断统计手册》第四版的反社会型人

黑手党老大有异常的心理特质吗？他们会被诊断出患有反社会型人格障碍或者精神病，即以犯罪行为为特征的人格特质吗？他们的犯罪行为一定符合反社会型人格障碍和精神病的一些标准，但是他们在亚文化范围内的运作方式使他们区别于那些独自行事的罪犯。在有组织的犯罪文化内，他们很可能不被认为是心理异常的。[图片来源：美国国会图书馆（Library of Congress）]

格障碍的概念。尽管反社会型人格障碍的诊断过多依赖于犯罪行为的记录，但是精神病更符合与犯罪行为相关的实际人格特质。这样的特质包括冷酷无情、表面化的和肤浅的情绪、不负责任、对于伤害他人缺乏悔恨或内疚，以及利用、操纵和从事对他人的掠夺行为的倾向。

　　患精神病的囚犯比非患精神病的囚犯会进行更严重和更暴力的犯罪。他们从监狱释放后也更可能再次犯罪。还有，精神病患者更可能从事有预谋的犯罪而不是冲动的犯罪。迈克尔·伍德沃思（Michael Woodworth）和史蒂芬·波特（Stephen Porter）于2002年在对125名被判有杀人罪的罪犯的研究中，34名精神病囚犯比91名非精神病囚犯更可能犯有预谋的谋杀案（93.3%相对于48.4%）。

▶ 精神病如何测定?

当今主要的精神病专家是心理学家罗伯特·海尔（Robert Hare）。他开发了一项测定精神病的深入访谈,将其命名为"海尔精神病一览表"。其第一个版本是在1980年出版的,修订版（PCL-R）是在1991年出版的。精神病一览表修订版是一个20项的临床评定量表,其得分基于半结构化访谈和现有的合法文件的信息以及医疗记录。对熟悉受试者的人也进行并行的采访,因为患精神病的个人并不总是能够提供可靠的信息。虽然最高得分可能是40分,但是男性和女性群体的平均分从22分到24分不等。海尔使用30分当分界线来区分精神病和非精神病。他认为与其说精神病是一种维度,不如说是一种类别,意思是说某人或者是或者不是精神病患者。值得注意的是,其他一些研究者不赞同,他们认为患精神病的特质归属于一个统一体。

▶ 精神病有多常见?

海尔估计大约50%—70%的监狱罪犯符合反社会型人格障碍的标准,但是只有15%—25%的人超出了精神病的分界点。海尔也估计到精神病患者大约占总体人口的1%。因此,精神病似乎是比反社会型人格障碍更加严重的障碍,但是幸运的是,精神病是不太常见的障碍。

▶ 精神病有哪些不同的维度?

在海尔最初的研究中,他对已经实施《精神病一览表<修订版>》的大样本调研的囚犯进行了因素分析,因素分析辨别了聚集在一起并用于建立测量的次量表的量表项目,分辨出2个因素:人际关系/情感因素（因素1）和社交异常生活方式因素（因素2）。2003年,海尔用一个新的4因素模式修改了他最初的模式。其中,因素1被分成人际关系因素（对别人印象的处理,过于华丽、病态的撒谎以及操纵）和情感因素（缺少悔恨、情感浅薄、缺少同情以及未能承认责任）;因素2被分成生活方式因素（寻求刺激、寄生的方式、缺少目标、冲动以及不负责任）和反社会因素（攻击行为、早期行为问题、严重的犯罪行为、从事不同种类的犯罪）。其他作者已经建立了一个3因素模型,像海尔一

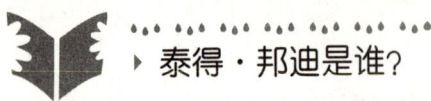
连环杀手泰得·邦迪(Ted Bundy)是精神病患者犯罪的一个极好的例子。他,英俊、有学历、聪明、积极参与政治活动,并与华盛顿州长关系密切。邦迪也与2位女性有长时间的恋爱关系,她们难以相信他会是个连环杀手。最终,他承认谋杀了30名女性,但是可能有更多的受害者。他欺骗、操纵、对女性撒谎,使她们上他的车或者诱骗她们到某个人烟稀少之地,在那里对她们实施强奸、折磨和谋杀。他经常靠近打着绷带、腿部裹着石膏、拄着拐杖的女性,帮她抬东西。很明显,他的谋杀是有预谋和策划好的,根本不是一时冲动所造成的。他光鲜的公众形象和蓄意谋杀的狂暴行径之间存在着惊人的反差,表明了他具有典型的精神病患者人格特质——冷酷无情、施虐狂、操纵欲强、无情感。

样把因素1分成两部分,但是因素2作为行为因素看待。随着时间的推移,类似于海尔的修订版的精神病一览表工具已经发展起来,也产生了类似的因素结构。

▶ 反社会行为和反社会态度有什么区别?

海尔最重要的发现之一是区分因素1和因素2。这个研究表明精神病是由两个相对明显的人格特质——反社会态度和反社会行为组成的。第一个特质反映了冷酷的人格特征;第二个特质反映了冲动性攻击行为和不良的行为控制。产生这些特质的原因不同,基本的神经生物学不同,预测的行为种类不同。尽管两个因素相关性在0.5,表明有25%的交叠,但是它们真的截然不同。

▶ 海尔的因素1与什么相关?

因素1包括精神病的情绪和人际关系方面,冷酷的、操控的和自我为中心的品质——换句话说,是核心人格特质。因素1与测量自恋型人格障碍和表演型人格障碍以及权谋特质相关。因素1也与暴力水平、犯罪危险和异常情绪处理(低焦虑和低移情)相关。因素1与年龄、教育或者社会经济地位(SES)不相关。

▶ 海尔的因素2与什么相关?

因素2与反社会行为和离经叛道的生活方式有关。因素2与测量药物滥用、犯罪行为和反社会人格障碍相关。它也与智商、教育、社会经济地位和年龄呈负相关。换句话说,社会经济地位、教育和智商低的人更可能从事反社会行为。这也意味着随着人们年龄增加,他们的反社会行为发生概率就会降低。然而,核心精神患者格特质有时候并不与年龄相关,它们也并不与其他人口特征,像社会经济地位和教育相关。

▶ 自恋特质在反社会态度和行为中起到了什么作用?

反社会的个人有相当多的自恋特征,在这两种人格类型之间有一些交叠。尽管如此,有必要对两者进行区分。自恋与反社会人格不同,许多高度自恋的人没有显示反社会特质。正如海尔的量表中显示的那样,过分华丽、缺少同情和为了达到自己的目的而利用他人的倾向在精神病个人中常见。《精神疾病诊断统计手册》第四版中对自恋人格障碍的定义罗列了过分华丽、缺少同情以及期望他人适应个人的欲望作为障碍的标准。然而,在真正的精神病中,几乎没有人际关系的空间。别人根本无所谓,他们只是达到目的的手段。另一方面,在自恋中,经常高度重视人际关系,还有很大依赖他人的赞同和验证。自恋者会自我痴迷,但是他们不一定冷酷、残忍,或者是虐待狂。尽管如此,在适当的条件下,高度自恋的人会转向犯罪。对财富、名誉和权利的欲望,还有位于常人限度之上的过分华丽的想法,会使这样的个体越过法律和道德的底线。

⊙ 智力在犯罪行为中起到了什么作用?

大多数的犯罪行为与冲动和冲动性攻击行为有关,智力与冲动密切相关。大量的文献表明,反社会行为和一系列认知测试中的成绩低之间有很强的相关性。事实上,冲动意味着不加思考地行事。所以,通过情境进行推理的能力是行为控制的一个重要组成部分,这意味着考虑事件的另一种解释和问题的另一种解决的能力。最重要的是,一个人必须能够预测未来的结果。值得一提的是,认知能力的降低与行为问题有关。这一点可以由海尔的因素2来测定。

认知功能和海尔的因素1中的核心精神病的人格特质之间的关系不太明确。当然历史上有智力非常超群的精神病患者,许多人已经升迁到拥有很大权力的位置。这样的人是不易冲动的,他们很有能力预先计划。尽管如此,一些证据表明精神病患者表现出微妙的认知异常,特别是在注意力方面。一些研究已经表明精神病患者身上显现出过分集中的注意力,他们关注他们的目标,对周边信息相对反应迟钝。

⊙ 罪犯 "逐渐到了没有瘾头的年龄" 吗?

有明显的证据表明罪犯往往会有逐渐到了没有瘾头的年龄。大多数严重的和暴力的犯罪是由40岁以下的人做的。根据凯茜·维德姆(Cathy Widom)和迈克尔·麦克斯菲尔德(Michael Maxfield)的研究,犯罪行为的核心年龄是从20—25岁。还有,海尔的精神病一览表中的因素2测量的是反社会行为,是与年龄呈负相关的。因此,随着年龄增长,人们的冲动性攻击行为和鲁莽行为一般会减少。这种减少也和年龄大的人相比年龄小的人精力和体力差的事实有关。然而,只要求最低体能的有预谋的犯罪行为不太可能随着年龄的增长而减弱。正如海尔的数据显示的那样,病态人格特质(因素1)的犯罪不会随着年龄的增长而减少,而是会随着时间的推移变得更稳定,像凶残的独裁者和有组织地犯罪的头目这样的精神患者有下属执行他们的反社会行为,这就是他们到了80多岁仍能继续从事犯罪活动的原因。

▶ 安然公司丑闻涉及的企业管理人员算得上是精神病特质的例子吗?

安然公司（Enron）是20世纪90年代在美国迅速崛起的一家大型的能源公司，其总部设在得克萨斯州。首席执行官肯·雷（Ken Lay）是政治竞选活动的主要捐赠者，是美国几任总统和其他高层政治家的老相识。安然公司由于做假账在2001年倒闭。这使美国损失了成千上万的就业机会和数十亿美元。肯·雷，连同总裁杰弗里·斯基林（Jeffrey Skilling）

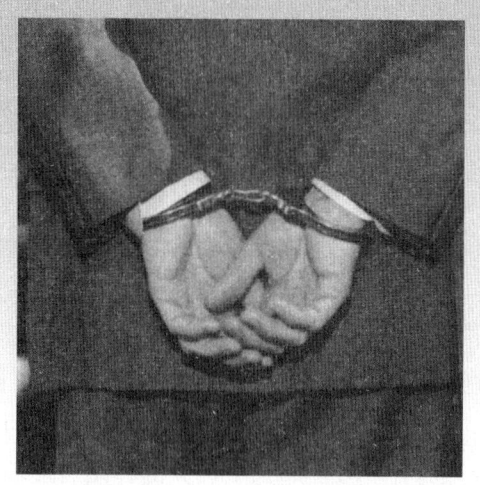

尽管一些企业巨头的贪婪似乎是患有精神疾病，但是他们不可能符合反社会型人格障碍的所有标准。（图片来源：iStock 图像）

和他的门生，财务总监安德鲁·法斯托（Andrew Fastow），都被判有欺诈罪，并被判入狱。

这些人是典型的精神病患者吗？他们符合反社会型人格障碍的标准吗？虽然我们只能猜测未经证实的事，但是很可能这三个人都是自恋的受害者。受到权力、财富和他们巨大的成功的荣耀的诱惑，他们选择使他们的利润不断增长，即使在这一过程中不得不越过道德和法律的底线。数千名安然公司员工的毕生积蓄与他们自己的野心相比就不那么重要了。我们也质疑这种把优先考虑的事情放在经济上成功的社会价值，最终这种金融不检点的行为在安然公司丑闻中被揭露出来。

反社会特质的原因

▶ 反社会特质的原因是什么?

有大量的文献研究犯罪行为的风险因素。研究发现有众多的风险因素,包括基因、认知、人格、家庭和社会的影响。然而,值得一提的是,这项研究并没有区分反社会行为和病态人格特质。

▶ 环境在反社会特质发展中起到了什么作用?

环境在反社会特质发展中起到了极其重要的作用。因暴力犯罪入狱的大多数人来自社会经济水平较低的和弱势的群体并非巧合。即使我们不断地了解了更多关于生物和基因对反社会行为起到的作用,仍有必要牢记环境对塑造人的行为的各个方面起到了极大的作用。环境甚至塑造了人类生物学的许多方面,包括基因表达。

▶ 神经生物学在反社会特质发展中起到了什么作用?

过去几十年神经生物学研究的迅猛发展已经使我们更加了解了潜存于反社会行为之下的神经生物学,也知道了更多参与反社会行为的大脑区域,大脑区域中的生物环境促进了反社会行为,一些基因也有促进反社会行为的风险。

▶ 神经生物学和环境之间相互作用吗?

目前的研究表明先天(基因和生物)和后天(环境)在整个生命过程中是相互作用的。我们的基因使我们准备好朝着某些人格特质和心理能力发展(例如,智力、口头表达能力、风险承受能力)。事实上,我们的基因设置了我们的心理能力的参数或者外部界限,然后我们的环境决定我们是否能满足我们的潜能。我们的环境也告诉我们什么行为是社会所接受的,可能受到奖励或者惩罚的。此外,当基因/生物和环境两个风险因素都存在的时候,反社会特质就显著扩增。例如,具有生物脆弱性和高风险环境这两种因素的儿童比单独具有或者生物的或者环境的脆弱性的儿童表现出更多的严重的反社会特质。

▶ 什么社会因素有助于反社会行为的发展?

个人和社会风险因素的关系是极为重要的。贫穷、缺乏良好的教育、不适当的社会机构、缺乏适当的社会支持系统、反社会的同伴、危险的和暴力的邻居都会对青少年的社会和心理发展产生破坏性的影响。加到一起,这些因素极大地提高了儿童在成长过程中从事犯罪行为的风险。

在2002年的研究中,玛格达·斯托萨摩·洛伯(Magda Stouthamer Loeber)和同事调查了严重的和持久的青少年犯罪的风险和保护因素,这项调查是针对871名男孩为样本,持续观察了6年。特别是,他们观察了邻居的一般社会经济地位的影响。邻居的社会经济地位是基于1990年人口调查的信息,包括家庭的平均收入、单亲家庭的数量和贫困线下家庭的百分比这些数据。邻里被分成4组:高等、中等和低等社会经济地位,以及大多数居民居住在公共住房的低等社会经济地位。在13—19岁的男孩中,邻里社会经济地位和犯罪行为之间有明显的关系。结果表明有17.7%的高等社会经济地位群体、32.4%的中等社会经济地位群体、41.7%的低等社会经济地位群体以及69.4%的低等社会经济地位/公共住房群体的男孩有严重的青少年犯罪行为。换句话说,来自最低等的社会经济地位邻里的男孩可能从事严重的青少年犯罪行为差不多是来自最高等的社会经济地位邻里的男孩的4倍。

▶ 社会规范在犯罪行为的测定中起到了什么作用?

犯罪行为涉及违反法律规定,在大多数情况下也涉及违反社会规范。然而,在像青少年团伙、恐怖组织和有组织犯罪这样的犯罪行为为社会所接受的亚文化群中,个人参与犯罪的行为不是异常的,而是渴望融入社会群体的认同功能。在其他情况下,人们不是出于自由选择加入暴力社会群体,而是因为来自特定群体的强迫或者对被保护的自觉需要以便免受其他暴力的群体掠夺。在暴力团伙

更可能兴盛的弱势的低等社会经济地位邻里中,这会对年轻人的社会发展,特别是年轻的男性有破坏性的影响。

▶ 家庭中什么因素导致青少年犯罪?

不完善的、不称职的或者虐待的养育、父母的心理精神(像抑郁症)和兄弟姐妹们中的反社会行为都增加了儿童从事反社会行为的风险。

▶ 性别在反社会特质中起到了什么作用?

有关犯罪统计的一个明显的事实是罪犯主要是男性。在凯茜·维德姆和迈克尔·麦克斯菲尔德在2001年的研究中,在667名年轻的成人样本中因各种原因被拘捕的男女比例为2.5∶1。暴力犯罪,男女比例上升到6.7∶1。在美国联邦

青少年团伙通常是结构良好、有明确的可接受的行为准则的社会群体。当试图了解团伙成员行为的时候,考虑团伙易于兴盛的社会环境比关注个体团伙成员的心理特质可能更有用。换句话说,很可能团伙成员之所以从事暴力,是因为他们已经适应了团伙的方式。
(图片来源:iStock 图像)

调查局（FBI）1998年的统计中，在所有的被拘捕者中女性占22%，其中8%因暴力获罪、23%的财产重罪和17%的毒品重罪。此外，当女性犯罪行为确实存在的时候，通常有男性的陪伴。

最后，女性反社会行为会与创伤和虐待关系更密切。例如，在维德姆和麦克斯菲尔德的研究中，受虐待的女性比不受虐待的女性有22.7%的可能性犯暴力罪，而受虐待的男性比不受虐待的男性暴力犯罪的比率只增长了17%。由于文化或者生物的影响，我们设法知道这种性别的差异到了何种程度。然而，考虑到历史上和文化上以男性犯罪为主，可能有强烈的生物组成部分的原因，可能涉及男性激素，像睾酮。

▶ 受虐待儿童会引起反社会特质吗？

有相当多的证据表明，有过受虐待经历的儿童的青春期和成年期从事犯罪活动的可能性会增加。在2001年的研究中，凯茜·维德姆和迈克尔·麦克斯菲尔德调查了1 575人的逮捕记录，儿童时期受虐待或者被疏忽照顾的有908人，而年龄、性别、种族和家庭社会经济地位与第一群体相匹配的、没有受虐待的受控制的有667人。所有的虐待案件都发生在1967—1971年之间，儿童年龄是11岁或者更小。到1994年，与17.2%的没有受虐待的群体相比，有27.4%的受虐待/被疏忽照顾的群体在青少年时被拘捕。除此之外，与32.5%的没有受虐待的群体相比，有41.6%的受虐待的群体在成年时被拘捕；与13.9%的没有受虐待的群体相比，有18.1%的受虐待的群体由于暴力犯罪而被拘捕。因此，与没有受虐待的儿童相比，受过虐待的儿童大约有60%的可能性在青少年时被拘捕，30%的可能性在成人时被拘捕。

▶ 所有受虐待的儿童都会发展出反社会特质吗？

有必要强调大多数的受虐待的儿童不会在成长过程中发展出反社会特质。根据一些估计，事实上，多到1/3的受虐待的儿童的成长不会遭受显著的心理伤害。然而，儿童发展反社会特质的风险会随着更严重的虐待和其他风险因素的存在，像贫穷、不良的教育等而增加。

▶ 什么心理特征提高了青少年犯罪的风险?

　　有许多心理特征提高了后来的犯罪行为的风险。不良的认知和语言能力、有问题的和易怒的性格、不良的自我控制和自我调节、自尊心低以及不适当的社交和人际关系技能都会提高个人从事犯罪行为的风险。

▶ 什么生物因素有助于青少年犯罪?

　　营养不良、不适当的卫生保健、产前使用非法药物和睡眠不足都能干扰正常的大脑成熟,阻碍社交和认知的发展。此外,已经辨别出许多基因与鲁莽的、控制不佳的行为有关。最后,以生物为基础的精神状态,像注意力缺陷障碍和各种学习障碍,也干扰行为控制,并提高了犯罪行为的风险。

▶ 关于心理变态的罪犯的神经生物学我们知道什么?

　　心理变态的个人似乎对情绪刺激反应不足。换句话说,大脑的情绪部分不会像健康人甚至像非心理变态的囚犯大脑的相同部分那样对情绪刺激反应强烈。同样,大量的文献表明,精神病患者加工情绪信息有困难。与非心理变态的罪犯相比,他们不能辨别出用音调、面部表情,或者口头语言所表达的情绪。还有,他们对悲伤情绪特别不敏感。此外,他们的皮质的两个半侧,左半侧和右半侧,在认知任务中协调不好,左半侧不太活跃,不像大多数人典型的那样。这表明右半侧的情绪加工与左半侧的语言加工协调不好。理解情绪有困难与精神病缺乏同情心的特征有关。

▶ 关于反社会特质的神经生物学我们知道什么?

　　现代研究已经揭示了许多关于反社会特质的神经生物学的信息,然而,有必要对与冲动相关的神经生物学的特质和与精神病相关的神经生物学的特质加以区分,因为它们完全不同。我们知道冲动或者冲动性攻击行为水平高的人在眶额叶区激活较少。额叶部分正好位于眼圈之上,与行为控制有关。一些研究人员发现眶额叶皮质把有计划的行为与惩罚的记忆联系在一起。换句

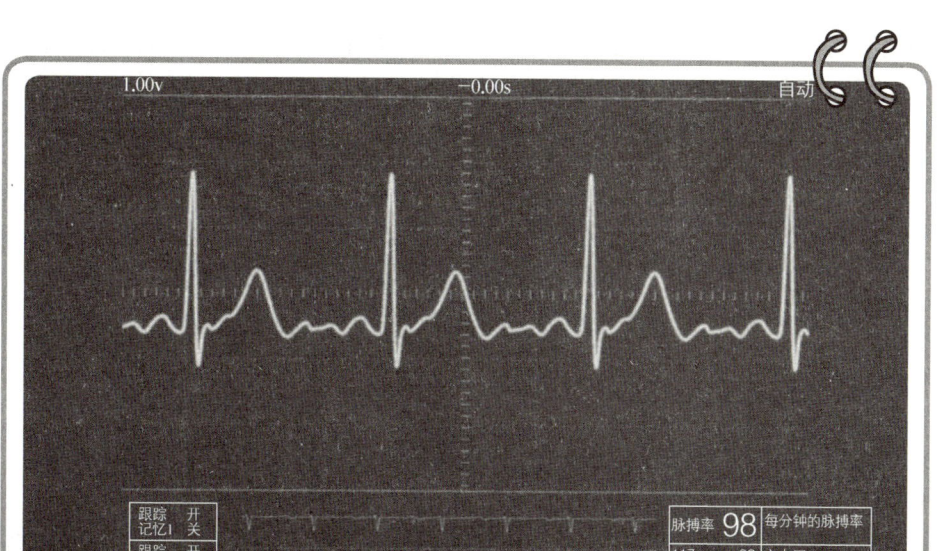

一项研究发现，在与妻子争吵期间心率下降的暴力男性有虐待狂倾向，攻击行为较强。（图片来源：iStock 图像）

话说，人更可能进行推理，"噢，如果我打了这个人，他会反过来打我。"当眶额叶皮质得到和解，害怕惩罚不够强烈，就不能阻止这个人采取冲动的和鲁莽的行动。

也有证据表明在冲动攻击中背外侧额叶皮层功能会下降。这一区域涉及抽象和复杂的思维，经常在冲动攻击性的人中进行调解的能力。羟色胺系统也会在冲动型的人中显示异常。神经递质血清素也似乎参与了行为控制。有羟色胺系统亢进的人会有过度控制的行为，而与此相反的似乎是有冲动的人，他们的羟色胺系统在减退。

▶ 我们如何解释有关精神病的生物发现？

总体来说，对精神病的生物研究已经表明精神病患者注意力过于集中，对情绪反应不够，当生气的时候没有被激发出来。我们怎样理解这些发现呢？一种可能是精神病个人在非常有威胁的和暴力的环境中成长，因此，他们学会了下

调他们的情绪反应和缩小他们的注意力，以便把注意力只集中在得到他们想要的东西和在残酷无情的世界生存上。令人遗憾的是，最初作为从残酷的世界中获得生存的方法最终起作用的却只有残暴。

▶ 反社会特质有遗传基础吗？

越来越多的证据表明了反社会特质的遗传基础。在2008年麦茨·福尔曼（Mats Forman）和同事所做的双生子研究中，对1985—1986年出生在瑞典（Sweden）的1 480对双胞胎施行了青年精神病特质病理库调查。通过比较同卵双胞胎和异卵双胞胎之间的相关性，研究断定精神病特质有强大的遗传基础，与宏伟的/操纵和冷酷的/非情绪的量表相比，冲动的/无责任心的量表特别如此。一些研究估计有40%～50%的反社会行为是遗传的。然而，很难确切知道有多

▸ 有关精神病，心率告诉了我们什么？

当人们生气的时候，我们通过测量他们的心跳能够把精神病个人与冲动攻击性的个人区别出来。1995年在约翰·葛特曼（John Gottman）和同事进行的一项重要研究中，根据施虐者与妻子争执期间的心率，61名对妻子施虐的男性被分成两组。一组显示出在争执期间心率降低，而另一组的心率则升高。换句话说，第一组在争执期间没被激发出来。

然而，与第二组相比，心率低的男性显示出在争执期间的口头攻击性更大、怒气更大，而他们的妻子表现出更大的悲伤和恐惧。此外，这些男性中有许多人在家庭以外遭受过暴力，并且儿童时期目睹过家庭暴力。最后，在测定反社会和攻击性虐待狂人格障碍方面，他们的得分比心率高的男性要高。总之，心率低的虐待者显示出更典型的心理变态，而心率高的虐待者看上去更具有冲动的攻击性。

少反社会行为是由于遗传的作用,有多少反社会行为是由于环境的作用。举个例子说,估计遗传过多依赖于双生子研究,双生子研究认真地测量遗传的差异,但是不测量环境的差异。此外,双胞胎往往有相当类似的环境。因此,对环境起的作用可能估计不足。

▶ 什么特定的基因与反社会特质有关?

得到相当关注的一个基因叫作单胺氧化酶A(MAOA),是涉及情绪和行为的主要神经递质,特别是羟色胺、去甲肾上腺素和多巴胺代谢的一种酶的代码。这种基因的变种降低了单胺氧化酶A的酶的活性,在反社会个人中比受控制的人中更常见。然而,可能这个基因是冲动的代码而不是反社会行为本身的代码。另一个基因——G1438A,与羟色胺系统的5HT2A亚型相关。这个基因的一个变种(或者多态性)G等位基因,与青少年打破规则的增长倾向有关,这一点在2009年S.亚历山德拉·伯特(S. Alexandra Burt)的研究中显示出来。另一个变种A等位基因,与不太打破规则和偶然地不太受同龄人的欢迎有关。换句话说,有G等位基因的男孩既易打破规则又更受人欢迎。

▶ 药物成瘾和犯罪之间有什么关系?

药物成瘾和冲动有强烈的相关性,许多有反社会特质的人也滥用非法的药物。令人遗憾的是,吸毒和成瘾也促进了反社会行为。首先,药物成瘾会摧毁上瘾的人的工作能力,这样上瘾的人就没有金钱购买药物。在这种状况下,吸毒者就会转向犯罪以便获得所需的金钱购买药物。常见形式的犯罪活动包括抢劫、毒品交易和卖淫。其次,许多药物滥用削弱了人的判断力和冲动控制力,这有可能增加了鲁莽和犯罪行为。据估计,55%的车祸和50%以上的谋杀案都涉及酒精中毒。第三,大多数西方国家取缔了最常见的药物滥用。令人遗憾的是,这并不能消除对其他药物的需求。因此,非法毒品市场转到地下,那里成了罪犯的活动区域。近几十年来非法毒品贸易间的竞争已经导致了大量暴力。

由于制毒行业的犯罪性质，毒贩之间的竞争经常引起可怕的暴力事件，导致无数的与毒品有关的死亡事件的发生。一些分析家认为，为了减少犯罪，应该使某些毒品合法。其他人认为使毒品合法化只能促使吸毒成瘾。（图片来源：iStock 图像）

具体形式的犯罪

▶ 关于暴力罪犯的心理我们知道些什么？

大多数暴力犯罪涉及冲动性攻击，一般而言，暴力罪犯具有与冲动性攻击相关的许多特征。他们大多是男性，年轻，调节自己的攻击性行为有困难，比一般人智商、教育程度和社会经济地位低。他们更可能在儿童时期经历过身体虐待和疏忽照顾。在认知方面，他们对预测自己的行为后果有困难，对他人的意图往往有狭隘的、死板的、本质上偏执的解释。模棱两可的手势被解释为有威胁的和有敌意的，会引起一触即发的攻击性反应。非冲动性的暴力罪犯更可能有精神病特质，也就是说，他们有精神病患者冷酷的、剥削的和无情绪的特质。

▶ 关于非暴力罪犯的心理我们知道些什么？

像财产和毒品犯罪的非暴力罪犯显然不像暴力罪犯那样暴力，同样，他们控制自己的攻击行为也没有那么多的困难。然而，这些犯罪也与冲动有关，平均而言，非暴力罪犯有许多与冲动相关的特征，像年龄较小、智商较低和教育程度较低。成比例地，与暴力犯罪相比，女性更可能犯非暴力犯罪。根据美国联邦调查局（FBI）的统计，大约20%的非暴力犯罪是女性，而大约8%的暴力犯罪是女性。

▶ 关于儿童性骚扰者我们知道些什么？

也许由于儿童性虐待造成的极具破坏性的影响，法庭心理学家已经投入了相当多的努力去研究儿童性骚扰。儿童性骚扰者往往是比其他罪犯年龄大，也许不那么易冲动，尽管可能会有冲动性高的儿童性骚扰者。大多数的儿童性骚扰者使用行贿、操纵和诱惑手段接近受害者，有相当大比例的人只是使用足够的力量即可实现自己的目的。尽管有一小部分儿童性骚扰者使用严重的暴力手段，但是大多数的儿童性骚扰者并不是暴力的。大多数的儿童性骚扰者是骚扰

女孩的异性恋男性,但是骚扰男孩的男性往往会产生更多的受害者,在某些情况下是数百或者数千个受害者。一般来说,大多数的儿童性骚扰者只是有几个受害者,而一小部分有持续恋童癖倾向的儿童性骚扰者一生中会骚扰数百甚至数千个儿童。

▶ 有不同种类的儿童性骚扰者吗?

所有致力于研究儿童性骚扰者的专业人员都被儿童性骚扰者群体的种类震惊了。显然有不止一个种类的儿童性骚扰者。在2008年的一篇文章中,罗伯特·普兰特基(Robert Prentky)、雷蒙德·奈特(Raymond Knight)和奥斯丁·李(Austen Lee)根据他们的临床经验和研究文献,提出了亚型的儿童性骚扰者。最重要的区别是迷恋儿童性骚扰者和回归儿童性骚扰者之间的区别。迷恋儿童性骚扰者对青春期前的儿童有长期的性吸引力,他们的再次犯罪率较高,对恋童癖的刺激显示出较大的性欲望,比其他种类的儿童性骚扰者有更多的受害者。

回归儿童性骚扰者不是主要的恋童癖,但是由于情境的原因他们转向儿童。他们会有冲动控制困难、社交技能不佳、精神病倾向或者药物滥用障碍。另一个维度涉及社交能力。一些儿童性骚扰者转向儿童是因为他们与成人交往的社交技能不足。所有因素加在一起,最终形成4种类别:不正常的迷恋程度高/社交能力低、不正常的迷恋程度高/社交能力高、不正常的迷恋程度低/社交能力低、不正常的迷恋程度低/社交能力高。然后根据所涉及的性接触、身体伤害和虐待狂的量,儿童性骚扰者被进一步区分。

▶ 同性恋的儿童性骚扰者真的是同性恋吗?

针对男孩的男性罪犯和针对女孩的男性罪犯是完全不同的。尽管如此,同性恋的恋童癖者不可能与其他的同性恋者,即对其他成人男性有性吸引力的成年男性,有很多共同点。首先,相当大比率的同性恋的恋童癖者也骚扰女孩,在一项研究中发现达到60%以上。其次,在1988年威廉·马歇尔(William Marshall)和同事做的一项重要的研究显示,大约有2/3的针对男孩的性罪犯在观看成人女性图片时比观看成人男性图片时表现出更大的性欲望。

▶ 大多数的儿童性骚扰者在儿童时期自己被骚扰过吗?

进行儿童性骚扰的成人在他们自己的儿童时期遭受性虐待的比率极高。儿童性骚扰者比非性罪犯甚至比针对年龄较大的受害者的性罪犯更有可能在儿童时期经历过性虐待。根据1995年克里斯托弗·巴格利(Christopher Bagley)和同事做的以社区为基础的非法庭样本报告,与儿童时期没有遭受性虐待的男性相比,儿童时期有过多次性接触事件的男性差不多有40倍的可能性与儿童有过性接触(7.7%与0.2%相比)。

▶ 针对儿童的性罪犯与针对成人的性罪犯有何区别?

2007年莉萨·科恩(Lisa Cohen)和同事,对从美国纽约州性罪犯登记处(New York State Sex Offenders Registry)获得的392名针对儿童的性罪犯和209名针对成人的性罪犯的统计数据来看,针对儿童的罪犯年龄较大,受害者更可能是男性或者男女两性,不太可能使用武力或者武器。他们也不太有攻击性罪行,不太可能与他们的受害者有性交行为。换句话说,与成人强奸犯相比,儿童性骚扰者年龄较大,较少暴力,不太集中在女性受害者身上。

▶ 关于儿童的证词心理学能告诉我们什么?

有时候,儿童被传唤到法庭上作证,这特别会在儿童虐待案件中出现。儿童的证词的可靠性有多大? 研究表明儿童与成人一样有能力准确回忆特定的事件。然而,他们的记忆易受暗示的影响。换句话说,他们容易被引导回忆没有发生过的事情,然后相信他们的新记忆是准确的。由于这一点,儿童的证词的可靠性过多地依赖于采访者的技巧。采访者提出引导性问题、无数次重复同一个问题,或者传达偏好于一个答案胜于另一个答案,他们更可能从儿童那里提取到不准确的证词。此外,儿童容易受到成人权威人物的恐吓,特别是那些穿着制服的人,也许会说出他们认为成人想要听到的话而不是他们真正记忆的东西。凯莉·迈克尔斯(Kelly Michaels)案件就是当儿童证词被滥用的时候所发生的一个悲惨的例证。

▶ 白领罪犯与其他形式的罪犯有何区别？

大多数的白领罪犯比其他罪犯呈现更高层次的计划、认知老练和职业成功。会计、记账员或者投资银行家易于在几个月或者几年的时间内窃取数十万美元，并始终隐蔽他们的行为不让同事发现。还有，他们首先获得一个负责任的职位，这种能力一般表明了他们比典型的冲动型罪犯有更良好的冲动控制、计划和延迟满足的能力。同样，白领罪犯往往比其他罪犯接受了更多的教育，有更高的社会经济地位。我们也可以推测许多白领罪犯有高水平的自恋特质，发现金钱和地位无限巨大的诱惑力。对权力的过度追求减少了他们偷窃他人东西时的罪恶感。因此，他们未能阻止自己的非法行为。然而，一些白领罪犯也会有反社会或者精神病特质，但是不像其他种类的罪犯那样冲动。

▶ 关于连环杀手的心理我们知道些什么？

幸运的是，连环杀手相当罕见，但是当他们被公众注意的时候，媒体往往对此进行广泛报道。令人遗憾的是，这起到了鼓励这一行为的作用。很难精确确定什么时候凶手变成了连环杀手。有一种定义即任何至少犯有4次谋杀罪的人就是连环杀手。连环杀手往往独自行动或者伙同帮凶，他们一般杀陌生人。重要的是，他们杀人是为了他们个人的心理满足，而不是为了金钱、权力或者政治目的。大多数人从他们的犯罪中得到性快感，这往往是仪式上和虐待狂的做法。

法庭心理学认为连环杀手受到了对于受害者的绝对权力感的激励，他们花大量的时间幻想和计划他们的犯罪。这并不奇怪，大多数的连环杀手遭受深刻的情绪困扰，许多报告表明他们有过创伤和痛苦的童年。在1988年的一项小型研究中，69%的人报告了他们的家庭中有过酗酒，74%的人报告了童年时期受过的心理虐待。尽管如此，连环杀手往往不是很冲动的。事实上，最成功的连环杀手会有效地计划他们的犯罪，数十年逃避拘捕。

▶ 有组织的连环杀手和无组织的连环杀手有什么区别？

刑事侦探的一个普遍理论是根据连环杀手的犯罪现场的证据，连环杀手可

凯莉·迈克尔斯案件是什么案件?

凯莉·迈克尔斯是一名26岁的幼儿园工作人员,她是20世纪80—90年代早期,特别是发生在日托中心的有关儿童性骚扰的广为流传的歇斯底里事件的牺牲品。1988年,迈克尔斯被判有与儿童性侵犯有关的115项罪行,所有的罪行指控都发生在她工作的幼儿园。根据20名3—5岁指控者的证词,她被判了47年徒刑。儿童的指控包括离奇的和极不可能的性行为,像在他们的生殖器上抹花生酱,用银器和积木侵犯他们。即使没有在任何一个儿童身上发现受虐待的体征也没能影响最终的判决结果。

迈克尔斯在狱中度过了5年后,她的案子被推翻上诉。对儿童的采访检查高度暴露出怀疑技术。儿童被戏耍、哄骗和贿赂给出所需要的回答。这些儿童只是太小了,不明白他们在压力之下说出了不是事实的东西。通过追踪这样的案子,研究人员把他们的注意力转到了儿童的证词可以被扭曲和被腐化的各种方法上。

以被分成两个种类。第一种类是有组织的,精心计划、深思熟虑的犯罪方法。这些连环杀手放置好尸体,极力隐藏尸体,篡改证据,随身携带武器。无组织的罪犯不太小心和不太有方法。他们使用即兴的杀人武器,不掩盖尸体,谋杀现场留下衣服的痕迹,使受害者的财物四处散乱。这两种连环杀手也被认为使用不同形式的酷刑、强奸和谋杀。

令人惊奇的是,这一理论几乎没有科学证据来支撑。在2004年的一篇文章中,大卫·坎特(David Canter)和同事通过研究100名不同的连环杀手的记录,检验了有组织的/无组织的分类,发现依据他们自己的方法,所有的连环杀手主要都是有组织的连环杀手。考虑到连环杀手是多年来竭尽全力逃避拘捕的重复作案的凶手,这极其有意义。无组织的特征不太常见,但是某种程度上在几乎所有的受试者中都存在。

作者提出了连环杀手的一种新的分类方法,把他们分成四种新的类别:有关毁伤、处死、性控制或者劫掠4种类型。第一种类型是经常在受害者死后毁伤其尸体;第二种类型是做完事后迅速将受害者处死;第三种是在受害者活着的时候对他们进行性折磨,想必这会给杀人者一种完全控制另一个人的感觉;第四种是洗劫和劫掠受害者的财物。

精神病和法律

▶ 精神病和犯罪行为有什么关系?

精神病和犯罪行为的关系是复杂的。能够用判断其余的人的同一标准来判断精神病患者吗?用惩罚那些做出有意识的、理性决定的罪犯同一种方法惩罚那些没有理性思维能力的人公平吗?另一方面,我们应该原谅人们的责任只是因为他们心理上受到困扰吗?我们如何平衡个人得到公平待遇的权利和社会得到保护不受反社会行为侵害的权利?法制通过能力、对犯罪负责任和减刑因素的概念处理了这些哲学问题。

▶ 精神病和能力有什么关系?

心理能力的问题比精神病和犯罪更常常出现。当人们有能力的时候,他们能在智力和情绪上以自己的最佳利益行事。在刑事背景下,这意味着有能力受审或者为自己辩护。在民事水平上,这意味着有能力管理自己的资金、制订医疗决策,或者以其他方式管理自己的事务。当某人被认为没有能力照顾他/她自己,或者没有能力完成一些特定的任务的时候,一个法定代表人就会承担为没有能力的人做决定,法律上有责任以这个人的最佳利益行事。

▶ 精神病和对犯罪负责任有什么关系?

某人对自己的犯罪行为负责任,其必要条件是有犯罪意图。换句话说,这个人

▶ 关于连环杀手约翰·韦恩·加西和杰弗里·达默的心
理，我们知道些什么？

连环杀手往往得到媒体的广泛报道。杰弗里·达默（Jeffrey Dahmer）和约翰·韦恩·加西（John Wayne Gacy）两人是出名的连环杀手。20世纪70年代末加西被拘捕，90年代初达默被拘捕。加西是一个态度温和、表面上守法的人，他性侵犯并谋杀了至少30个年轻男性。有趣的是，加西也是个艺术家，他绘画了怪异天真和稚气的自然风光画以及儿童漫画，像迪士尼的7个小矮人。他的有计划和有组织的犯罪本性，以及在公共场合受人尊敬和私下杀人的变态之间所表现的心理变态的分裂都是连环杀手的特点。另一方面，达默早期就表现出了极端的心理障碍，从年轻时就有酗酒和性犯罪的问题。最后两个人都死在了狱中。

必须故意选择犯罪的方式行事。由于意图是一种心理状态——并且总是不容易证明的——所以个人的心理状态是与证明犯罪意图相关联的。因此，患精神病的或者"发疯的"人不会有犯罪意图的心理退缩。这样的人不理解他或她所在做的事情，或者不能够控制自己。尽管大多数的人赞同精神病不应该像其他的人那样符合同样的责任标准，但是很难区分出什么时候精神病有理由免除犯罪行为。某人可以是精神病并仍然负责任吗？我们怎样对精神病下定义？

▶ "因精神错乱而无罪"是什么意思？

"因精神错乱而无罪"是一种法律辩护，意思是个人刑事上对他或她所实施的行为不负责任，因为他或她由于精神错乱不能够形成犯罪意图。精神错乱是一个与临床的词汇完全不同的法律词汇。在美国，精神错乱的法律定义各个州有所不同。大多数的州指定为一个人一定是不能够领会他们行为的本质和暗示，或者不能够理解这在道德上是错误的。其他的州精神错乱的定义包括没有

抵制自己冲动的能力。一些州根本没有精神错乱辩护。根据联邦法律,一个精神错乱的人不能够领会犯罪行为的本质或者"不法性"。

▶ "有罪但是精神错乱"是什么意思?

在过去的几十年内,美国有几个州已经采用了"有罪但是有精神病"判决。这个人不会因为神经错乱而被免除刑事责任,但是法庭承认精神病在犯罪中起了作用。有罪但是有精神病的判决书的被告通常被退回到精神病院或者在狱中被提供精神病治疗。

▶ 精神错乱辩护隔多久会成功?

调查表明许多人把精神错乱辩护

虽然精神患者可能不会有因心理能力形成犯罪意图,但是要证明法律上的精神错乱还是很困难的。(图片来源:iStock 图像)

看作是一种由狡猾的罪犯和不道德的律师共同利用的过渡的战术。实际上,它很少被使用。估计有0.85%的案件——也就是1 000个案件中不到1个——会进入精神错乱的辩护,并且这些案件中仅有不到1/3是成功的。

▶ 大学和航空公司轰炸者是谁?

特德·卡钦斯基(Ted Kaczynski)在很小的时候就很奇怪。在他6个月大的时候,他发生了严重的过敏反应,全身起满了荨麻疹。在接下来的8个月内他就一直往返于医院,与他的妈妈分离开来。从他回到家的那时刻起,他与人交流反应迟钝。在他的整个童年时期,他非常害羞,极度厌恶与人类接触,特别是陌生人和其他儿童。同时,他对数学极富天赋,专一地集中于掌握数学问题。

尽管他从没有接受过诊断,但是这一描述一定暗示出他患有自闭症或者阿

▶ **当安德莉·耶茨杀死她所有的5个孩子时从法律角度看她是精神错乱吗?**

据大家所说,安德莉·耶茨(Andrea Yates)是一位全职太太,一位虔诚的基督徒,一位有5个孩子的有良心的母亲。令人遗憾的是,她也是精神病患者。她有好多次因为精神病和抑郁症住进了医院,并服用抗抑郁药和抗精神病药进行治疗。她也曾经2次企图自杀。

在2001年6月20日,耶茨在她的浴缸里淹死了她的5个孩子,然后向警方报告了她所做的一切事情。耶茨声称撒旦(基督教)已经占有了她,在撒旦占有她的孩子们之前她需要杀死他们。如果孩子们纯洁地死去,他们会进入天堂,否则的话,他们将永远被诅咒下地狱。

尽管她的辩护律师因她精神错乱进行无罪抗辩,但是在2002年的判决书中她被判处犯有谋杀罪,被判处无期徒刑。在控方的一个专家证人作伪证被暴露之后,她的判决书在2006年被推翻。随后,因她精神错乱被判处无罪,并被送到一个州立医院进行治疗。

斯伯格综合征。明显地,他的妈妈也认为有这种可能,想要把他送到专门研究自闭症的心理分析家布鲁诺·贝特尔海姆(Bruno Bettelheim)那里去。

卡钦斯基在16岁的时候上了美国哈佛大学,并在密歇根大学获得了数学博士学位,在那里他成绩优异,随后在伯克利的加州大学接受了学术研究的职位。令人遗憾的是,教学要求对他来说难以承受,他根本无法处理人际关系。他离开了伯克利,同他的兄弟一起在蒙大拿州的树林里买了一间小屋。他独自一人搬到那里,变得更加与世隔绝,甚至隔断了与他的妈妈和兄弟的联系。

随着他培养自己在旷野中完全自给自足的技能,他也培养了他的反技术思想意识。多年来他已经对技术的幻想破灭,厌恶人类对自然界的毁坏。他逐渐相信摧毁"科技工业体系"的唯一办法是通过暴力抵制,所以在20世纪70年代末他开始了针对与技术有关的人的轰炸行为,这些人包括科学和工程教授、计算

机商店店主和航空业。美国联邦调查局（FBI）把他命名为"大学和航空公司轰炸者"。

在接下来的18年中，他发送了16枚炸弹，造成23人受伤，3人死亡。在1995年，他发布了一项宣言，概述了他的反技术思想。他的兄弟大卫（David）从这份宣言中认出了他的字体，最终联系了联邦调查局。特德·卡钦斯基在1996年被捕。他的辩护律师进行了精神错乱抗辩，由法院委任的心理医生诊断他为偏执型精神分裂症。卡钦斯基极力拒绝这一诊断，因为他不想让他的政治任务被当作精神病的狂言而废弃。他抗辩自己有罪，并被判处终身监禁，不得假释，但是由于他的兄弟参加了诉讼，他幸免于死刑。

卡钦斯基是精神错乱吗？几乎可以肯定他患有某种诊断的精神障碍。然而，他非常清楚他的意图，能够理性地争论他的暴力行为的优点。无论他是不是精神病患者，他都清楚地有犯罪意图。

▶ 减刑因素是什么意思？

有效地使用心理障碍的证据来证明减刑因素。在这种情况下，被告先是被判处有罪，但是可在服刑期间考虑有心理障碍的证据。这些情况下的举证责任比精神错乱辩护的要低得多。

▶ 对犯罪的神经生物学研究对法律有何影响？

最近几年脑成像技术的显著进步使得我们对反社会人格特质和行为的神经生物学发现了更多。例如，平均而言，暴力犯罪的额叶功能降低，心理变态的罪犯扁桃体反应低。但是承担责任是什么意思呢？如果暴力罪犯的大脑不正常的话，他们就能少承担责任吗？如果精神病患者的大脑不能够处理移情，他们也可以少负责任吗？

想必，大脑功能的小的差异不应该是"走出监狱"的通行证。大多数的心理学家认为只要人们的大脑达到了有进行选择和控制自己行为的程度就需要负责任。另一方面，大脑异常可以被用作减刑因素的证据吗？例如，如果有最新头部创伤的证据的话，非暴力的初犯会得到较轻的判决。然而，更重要的是，精神生物研究会有助于反社会行为的治疗和预防，以便保护社会安全。

▶ 人格障碍和对犯罪负责任之间有什么关系?

人格障碍被定义为对个人的文化来说是异常的并能造成痛苦和功能障碍的持久性的思维模式、情绪模式、行为模式和人际关系模式。在《精神疾病诊断统计手册》第四版中有第十一种个别的人格障碍诊断,人格障碍被认为是有效的精神病病情。人格障碍的存在会消除对犯罪行为应负的责任吗? 考虑到一些人格障碍与反社会行为有联系,或者甚至由反社会行为来下定义,这就特别值得关注。换句话说,在刑事辩护中使用人格障碍诊断可能导致荒谬的循环思维:我不对我的犯罪行为负责任,因为我有反社会人格障碍,这一点是由我的犯罪行为下定义的。

然而,人格障碍区别于精神障碍,因为认知异常是轻微的。问题更多的是动机和不安的人际关系的问题。所以,没有理由认为某一种人格障碍使某人不能够形成犯罪意图。总之,诊断与临床环境比与法律环境有更多的关联性。